네이처 매트릭스

Nature Matrix

지구의 모든 생물과 함께 살아가는 일상적인 삶을 위하여

로버트 마이클 파일 지음 • 정지현 옮김

네이처 매트릭스

타인의사유

내 손자 손녀들 그리고

그 아이들의 손자 손녀들을 위하여

세상을 좀 더
바람직한 모습으로
바꾸고자 하는
인간의 자율성과 합리성은
그 무엇도
막을 수 없다.

_ 폴 W. 테일러,
《자연에 대한 존중: 환경윤리론》
중에서

Contents

들어가며

대학원 시절, 나의 첫 번째 연구실은 워싱턴대학교의 오래되고 멋진 고딕 양식 건물의 썩 괜찮은 방이었다. 책상은 훗날 평생 친구가 된 닐 요핸슨의 것과 마주했다. 우리는 당시 자연 해석 분야의 권위자였던 그랜트 샤프 교수의 조교로 일했는데, 그러다 닐이 학교를 떠났고, 나는 삼나무 합판과 유리로 된 신관 건물로 이사를 했다.

이곳은 그다지 친근한 환경이 아니었다. 외관이 별로 심미적이지 않은 만큼 내부는 기능성을 추구했고, 지하에 있는 내 연구 공간은 삭막함 그 자체였다. 보통의 대학원생 연구실과 달리 돌로 된 벽이나 낡은 나무 책상도 없었고, 오로지 플라스틱과 신더 콘크리트(석탄재를 넣어 만든 경량 콘크리트-옮긴이)뿐이었다. 청설모와 김은머리방울새가 보이는 창살 달린 창문도 없었다. 그 방에서 특징이 있는 것이라고는 천장에서 바닥까지 이어진 투명한 파이렉스 급수관뿐이었다. 마치 변기 물을 내리는 것처럼 간헐적으로 물이 흘러서, 처음에는 영 찝찝한 마음으로 유심히 쳐다보곤 했다. 갈색의 무언가가 내려오지 않기를 간절히 바라면서 말이다.

신더 콘크리트에 갇혀 정신이 어떻게 될까 봐 겁이 난 나는 사무실에 소품을 하나씩 채워 넣기 시작했다. 긍정적인 의욕이 샘솟도록 하늘을 나는 제비갈매기 포스터를 붙이고, 사시나무 가득한 콜로라도 풍경 사진도 가져다 놓고, 논문 겸 나비 책을 써야 한다는 현실을 잊지 말라는 의미에서 엉겅퀴에 앉은 나비 사진도 준비했다. 소박한 위안을 얻고자 라디오에서 마음이 편안해지는 바로크 음악을 틀었고, 밟았을 때 나는 색다른 소리를 즐기려고 바싹 마른 플라타너스 잎사귀도 몇 개 놓아두었다.

그러던 어느 날 저녁이었다. 논문에 집중하기로 마음먹었건만 확실한 방해물이 생기고 말았다. 책상의 커다란 플라스틱 상판을 조금이라도 가리고 싶은 마음에 엽서 네 장을 더 가져온 게 문제였다. 그중 세 장은 잠깐 바라보며 흐뭇해하다가 하던 일로 되돌아갈 수 있었다. 하지만 네 번째 엽서는 도무지 머릿속에서 떨쳐지지 않았다. 그냥 집에 두고 왔어야 했다. 그것은 독일 북부의 뤼네부르크 하이데 사진 엽서였다. 헤더 꽃밭의 부드러운 향기와 저녁의 소리를 떠올리게 하는 그 엽서를 보고 있자니, 아프게 남은 강렬한 기억이 떠올랐다.

뤼네부르크 하이데는 독일 함부르크 남쪽에 있는 자연보호구역이다. 헤더 꽃밭은 한때 중앙 유럽 북부의 광활한 지역을 뒤덮었지만 이제는 이곳에 남은 것이 거의 전부였다. 그해 6월,

아내 조앤과 우연히 그곳에 가게 되었고 헤더가 만발하는 8월에 일부러 다시 찾아갔다. 아내와 나는 캠퍼스와 동네 주변에서 어쩌다 보는 헤더에 이미 매료되어 있었다. 그러다 수백만 평에 이르는 보라색 꽃밭 한가운데에 있으니 얼마나 황홀했겠는가.

하지만 하이데에는 헤더만 있는 게 아니었다. 우리는 아우토반을 벗어나 경사가 완만한 도로를 달렸다. 곧 수 킬로미터 동안 기분 좋은 오솔길이 교차하는 삼림 지대가 나타났다. 앞서 6월에 왔을 때는 자연에서의 평온함을 만끽하며 걸었던 길이었지만, 이번에는 그 길을 우회하고 곧장 황야의 작은 마을들로 향했다. 이 지역에는 농업이 제한적으로만 허용된 까닭에, 마을 전체가 농장과 숙식을 제공하는 여관이나 마찬가지였다. 얼마나 멋지던지! 고전적인 목재 골조의 독일식 농가들이었다. 이엉 얹은 지붕들이 보였고 마당에는 돼지가 돌아다녔다. 편안하고 따뜻하고 지극히 향토적이고, 게다가 그때는 1968년이었으므로 가격도 저렴했다. 따뜻한 침대와 호화로운 아침 식사가 제공되는데도 하룻밤에 3달러 정도였으니까.

하이킹은 그 근방에서 즐길 수 있는 가장 대표적인 활동이었다. 우리는 그날 오후 토박이들과 함께 길을 걸었다. 우리가 신은 등산화를 보고 재미있어하는 그들의 반응이 신기했다. 그러다 넓은 헤더 밭 한가운데 있는 빌세데 마을에서 멈추었다. 작은 교회와 카페, 상주 예술가의 갤러리로 이루어진 초소형 마을이었다. 지금 이 모든 기억을 떠올리게 만든 엽서를 바로 그곳에서 샀다. 곧 우리는 땅거미가 내려앉기 시작할 때까지 기다리면 헤더 밭을 우리끼리 독차지 할 수 있다는 사실을 알아냈다. 엽서 속의 하이데는 내가 그날 기억하는 모습 그대로다. 땅으로 떨어지는 낮은 하늘, 수증기 구름과 만나는 헤더 꽃구름, 단단한 보랏빛 평원으로 뻗어나가는 하얀 모랫길, 그 길을 따라 군데군데 서있는 수수한 자작나무. 가을이 먼저 찾아온 자작나무 잎사귀가 황금빛으로 물들었다. 나머지는 전부 수평이었다. 어쩌다 보이는 황록색의 우뚝 선 향나무와 저 너머의 불룩한 가문비나무 숲을 제외하고.

어둠은 위협만 할 뿐 아직 다가오지 않았다. 도보 여행자들은 물러갔지만 하이데의 생명체들이 주변을 어슬렁거렸다. 갈색 토끼 가족이 팔딱거리며 자신들의 보호 덮개와도 같은 계곡을 훑어보았다. 근처에서는 댕기물떼새 한 쌍의 구애가 펼쳐졌다. 우리는 오렌지색 일몰을 보려고 작은 언덕으로 올라갔다. 붉은 여우 한 마리가 헤더 꽃밭에서 가문비나무로 쏜살같이 달려갔다. 동쪽 산등성이에 서있는 가문비나무는 창백한 하늘을 등진 작은 성탑 같았다.

하지만 이렇게나 좋았던 하이데에서의 시간은 다음 날 아침 와르르 무너지고 말았다. 남동쪽으로 차를 달려 독일 연방 정부의 자연보호구역을 벗어난 직후였다. 6월에도 들어갔던 길이었다. 그런데 놀랍게도 봄에 보았던 오솔길은 온데간데없고 커다란 직통로가 뚫린 게 아닌가! 작은 고속도로를 가로지르던 길들도 다 사라져 있었다.

곧 무슨 일이 벌어졌는지 알게 됐다. 제일 커봤자 말 한 마리가 지나갈 정도였던 오솔길들이 약 5미터가량의 널찍한 길로 덮였고, 부서진 나뭇잎과 훼손된 토양에 섬뜩하고 혐오스러운 탱크 자국이 새겨져 있었다.

불과 몇 백 미터 앞에는 더 심한 약탈의 현장이 펼쳐졌다. 숲은 재생할 것이고 오솔길은 복구할 수 있다. 하지만 여기 펼쳐진 헤더 밭, 아니 한때 헤더 밭이었던 곳들은 많은 부분이 찢기고 약탈당하고 말았다. 헤더는 연약한 조직이다. 그리고 황야는 툰드라와 마찬가지로 상할 우려가 있는 유기체다. 이 약탈당한 평원에는 생명체가 하나도 남아있지 않았다. 유서 깊지만 이제는 낯선 모습이 되어버린 나무 밑동만 남았다. 폐허가 되어버린 땅에 남은 뾰족한 나무와 이엉 없은 지붕 풍경이 외롭고 황량했다.

조금 더 가자 악당이 모습을 드러냈다. 탁 트인 진흙땅에 세워진 영국 기갑부대 막사였다. 조지 레이콕이 해로운 침입종을 일컬었던 "성실한 파괴자들"이라는 말이 떠올랐다. 군인들은 거대한 몸체를 자랑하는 금속 괴물 위에 느긋하게 앉아있었다. 더 많은 고통을 땅에서 뽑아낼 수 있다는 듯, 탱크가 몇 번 빙 돌고 바닥을 빻고 할퀴었다. 그러고도 성에 차지 않는 듯했다. 필요 이상으로 많이 칼을 찔러서 죽이는 살인자 같았다.

그해 1968년 봄, 바르샤바 조약국들이 체코슬로바키아를 침략했을 때 프라하에 소련 탱크가 들어갔다. 그런 사건들과 더불어 같은 해 여름, 유럽 전역에서 일어난 다수의 시위가 이런 군사 작전의 구실일 터였다. 아니, 방어라고 해야 하나. 우리는 이런 질문을 했다. “독일이 마음에 안 들어? 그렇다고 독일의 헤더 꽃밭까지 망가뜨려야 해?” 순진하게도 우리는 이미 다 끝난 일들이라고 생각했다. 미국이 베트남에서 벌인 끔찍한 고엽작전을 기억하면서도 현대 유럽에서 비슷한 살생이 벌어지고 있을 줄은 미처 몰랐던 것이다.

다름 아닌 저런 ‘보호자’들이 땅을 파괴한다면, 어떤 국가에서 ‘대지 윤리’가 확립될 수 있겠는가? 우리는 독일 자연보호구역의 약탈 경계가 어디인지 굳이 알아보려고 하지 않았다. 세쿼이아 숲이 정부 소유건 사유지건 그냥 세쿼이아 숲인 것과 똑같다. 정식 보호구역 안이든 밖이든 남은 헤더는 너무 적었다. 게다가 영국 탱크 군인들이 만약 원한다면 공원 어디에서나 그들의 치명적인 놀이를 벌일 수 있을 터였다. 정복하는 군인들이 성스러운 것을 경시하는 경우는 흔하니까. 하지만 나는 그날 탱크로 짓밟힌 뤼네부르크 하이데 표지판에 적힌 문구, ‘차량 진입 불가’에서 쓰디쓴 역설을 분명히 느낄 수 있었다.

그로부터 오랜 세월이 흐른 지금 생각해본다. 만약 그 엽서가 없었더라면, 파이렉스 급수관이 없었더라면, 과연 이 책이 세상에 나올 수 있었을까?

당시 나는 임학을 공부하는 대학원생이자 초보 작가이기도 했다. 그때쯤 에세이도 여러 편 발표한 터였다. 대부분 지역적인 차원이었지만 몇몇은 전국 매체에 실렸다. 나는 자연과 자연보호를 다루는 작가로서의 입지를 넓히려고 열심이었다. 이름도 알리고 잘하면 경력도 쌓고. 때마침 더튼 출판사에서 진행하는 '올해의 환경 도서상' 응모 마감일이 다가오고 있었다. 할 수 있겠다 싶었다. 기존에 발표한 에세이들을 넣고 새로 몇 편 더 쓰면 책 원고가 만들어질 것 같았다.

변명을 좀 하자면 꼭 내 이름으로 된 책을 내거나 어떤 상을 타는 것만이 목적은 아니었다. 나는 자연보호에 매우 헌신적이었다. 하지만 근시안적이었다. 다른 경로로 변화를 끌어내기가 어렵다는 사실을 짐작했고 더 나은 방안 중 하나로 책을 생각했다. 적어도 나처럼 정치에 관심이 별로 없는 사람들에게는 좋은 수단이 될 것 같았다. 하지만 마지막에 나를 밀어붙인 것은 뤼네부르크 하이데 엽서와 영국 기갑부대에 짓밟힌 보드라운 헤더 꽃밭에 대한 기억이었다. 그 이야기를 쓰고 싶었다. 사람들이 읽을 책에 그 이야기를 넣고 싶었다.

지도 교수 몰래, 처음에는 아내에게도 알리지 않은 채, 연구를 시작했고 아직 확실하지도 않은 책 집필 작업에 몰두했다. 제목도 퍼뜩 떠올랐다. 네이처 매트릭스. 나중에는 에세이 제목이 되었다. 작업이 착착 진행되었다. 하지만 최종 후보에 오른 게 최선이었다. 젊은 나이에 서둘러 짬뽕해서 쓴 미숙한 원고가 받은 평가치고는 괜찮은 결과였지만, 그때는 실망할 수밖에 없었다. 나는 그때 준비했던 책 원고를 치워버렸고, 거기에서 에세이 몇 편을 끄집어내 여기저기 신고는 완전히 잊어버렸다.

그 후 오랜 세월이 지나 국제 환경보호 비정부단체 포나 & 플로라 인터내셔널이 발행하는 영국의 국제 환경 학술지 《오릭스》의 100주년 기념호에 글을 써달라는 부탁을 받았다. 그렇지 않아도 오리지널 《네이처 매트릭스》의 표제 타이틀이었던 글을 고치고 살도 붙이려고 했는데 좋은 기회였다. 그렇게 손본 에세이 〈네이처 매트릭스〉가 2003년에 공개되어 세계적으로 꽤 많은 관심을 끌었다. 당시는 소셜 미디어가 보편화하기 전이라 재인쇄 요청이 밀려드는 구식의 방법으로 관심이 증명되었고, 이 기회를 계기로 그간 작업했던 여러 에세이 중에서 《네이처 매트릭스》라는 커다란 틀에 어울리는 것들을 다시 손보기 시작했다.

재미있는 사실은 그 오래전 환경 도서상에 응모하려고 준비했던 오리지널 글은 정작 두 편밖에 실리지 못했다는 것이다. 나머지 에세이는 한군데에 모아 생명을 연장할 가치가 있다고 느꼈거나, 오래전부터 관심을 가져온 사안들에 관해 새롭게 쓴 글들이다. 참고로 에세이를 선별한 기준은, 핵심, 깊이, 신선함, 위트 그리고 복잡한 초록 세계에 대한 심오한 의식과 생존과의 연관성이다.

일러두기 이 책의 원서는 미국 고유 지명과 동식물 학명이 자주 등장하는 관계로, 한국어 번역이 어려운 경우 원어 발음을 그대로 표기했습니다. 또한 내용의 이해를 돕기 위하여 윤문을 거쳤음을 밝힙니다.

첫 번째 이야기

교외의
흐트러진
풀숲을
걷는
즐거움

도시와
자연의
경계선,

그리고
"경험의
멸종"에
대하여

워싱턴주에 위치한 도시 벨뷰는 워싱턴호수를 사이에 두고 시애틀과 인접해있다. 내가 처음 자리를 잡았던 60년대만 해도 개발이 전혀 되지 않은 시애틀 교외의 한적한 시골에 불과했으나, 거주 지역으로 개발이 되고 글로벌 기업들의 본사가 주변에 포진하면서, 예전 야생 그대로의 풍경은 전혀 찾아볼 수 없게 이르렀다. 벨뷰에 사는 친구가 전해온 최근 소식에 따르면, 마이크로소프트 같은 기업들이 이곳에 옮겨온 후로 무작위적인 자연 구역들이 사라졌고 또 곧 사라질 위기에 처했지만, 공원들은 아직 건재하다고 한다.

이 에세이는 한마디로 벨뷰 교외 탐험기이다. 모든 장소에 대한 묘사가 그렇듯 시간의 흔적을 담고 있다. 그리고 이를 통해 내가 가장 중요하게 생각하는 "경험의 멸종" 개념에 대해 이야기하고자 한다.

1969년 추수감사절, 머서 아일랜드의 자정. 우리는 미루나무 숲에서 노란색과 갈색의 커다란 하트 모양 나뭇잎이 만든 향긋한 매트에 누워있었다. 신혼부부였던 조앤과 나는 과식한 배를 꺼뜨릴 겸 워싱턴호수 주변 하이킹에 야심차게 도전했지만, 갈 길이 멀었는데 벌써 지친 터였다. 그때 갑자기 비가 내리기 시작했다. 우리는 쭈뼛쭈뼛 일어나 계속 걸었다. 이슬비를 맞으며 마지막 구간까지 하이킹하고 대학교 내에 있는 아파트로 돌아왔을 무렵에는 이미 날이 밝아있었다. 나는 침대로 뛰어들면서 두 가지를 떠올렸다. 첫째, 저녁을 먹은 뒤 충동적으로 내린 이 결정은 아주 멍청한 생각이었다는 것. 둘째, 호숫가 쪽으로 탁 트인 땅이 정말 많이 있다는 것.

조앤과 나는 시애틀에 있는 워싱턴대학교 대학원생들이었다. 우리는 시간이 허락하는 한, 새로운 이 땅의 자연을 한껏 즐기고 싶었다. 하지만 안타깝게도 매혹적인 구릉지대와 멀리 떨어진 시내에 살고 있었고, 자주 야생으로 나가기에는 주머니 사정이 여의치 않았다. 그러던 어느 날, 드디어 아웃도어 용품점에서 캠핑 장비를 마련했다. 우리는 버스로 벨뷰까지 가서 지난번의 길고 힘들었던 밤 산책에서 얼핏 보았던 사실상의 야생을 탐험해보기로 했다. 결과적으로, 그곳은 길을 잃고 홀딱 젖기에 딱 좋은 곳이었다. 더 좋은 텐트가 필요하다는 사실도 깨달았고.

도시 근처에서 자연을 찾아다니는 사람은 우리만이 아니었다. 곰팡이 수업을 가르치는 댄 교수는 날씨 좋은 날이면 학생들을 데리고 버섯을 따러 갔다. 신학대학 근처 울창한 숲에는 꾀꼬리버섯이 많았다. 포유동물학을 가르치는 프랭크 교수는 노란 참새와 햇살이 한가득한 아침이면 학생들과 근처 계곡으로 들쥐 사냥 원정을 떠났다. 지금 시각에서 보면 고개를 갸우뚱하는 것들도 있긴 하지만, 어쨌든 그 시절에는 해롭지 않게 느껴지는 일들이었다.

시애틀을 떠나 조앤은 알래스카로, 나는 영국으로 가게 되었을 때도 우리는 도시 근처에 가득한 자연을 가슴에 새겼고 다시 이곳에 돌아올 계획이었다. 하지만 몇 년 후 시애틀로 돌아왔을 때, 저 멀리 외곽까지 빼곡히 고층빌딩이 들어선 것을 보고 충격을 받았다. 우리는 포틀랜드의 깊은 시골로 도망치듯 떠났고 다시는 시애틀에 미련을 두지 않았다.

그러다 2017년 즈음, 시애틀을 다시 찾게 되었다. 그곳에 진홍타이란새가 최초로 모습을 드러냈다는 소식을 들은 때문이었다. 강렬한 붉은 새가 1월의 눈 덮인 워싱턴호수 동쪽에 나타난 장관을 보려고 나를 포함해 수백 명의 탐조가가 몰려들었다. 결과적으로 새를 보지는 못했지만, 그래도 간 김에 시애틀의 북쪽을 실로 오랜만에 다시 둘러보았다. 역시나 사방에 아파트와 자동차, 주민들의 생활 편의시설이 들어서서 예전과는 바뀌어 있었다. 그 옛날 추수감사절의 시골은 어디로 간 것일까?

나는 2차 대전 이후에 조성된 콜로라도 덴버 외곽의 '호프만 하이츠'에서 자랐다. 이곳은 샘 호프만이란 사람이 지은 일종의 계획도시다. 그는 전쟁에서 돌아온 군인들이 새로운 가정을 꾸리는 경우가 빠르게 늘어나는 것을 보고 민첩한 판단력으로 중부의 몇몇 도시 변두리에 적당한 규모의 주택을 지어 자신의 이름을 딴 커다란 도시를 건설했다. 호프만의 약속은 이것이었다. '도시는 끝장났고 시골은 불편하다. 내가 그 둘을 최대한 즐길 수 있는 새로운 창조물을 주겠노라!' 그것이 바로 '교외'였다. 많은 이들이 교외라는 개념에 끌렸고 호프만이 지은 주택들은 빠르게 팔려나갔다. 물론 호프만의 아이디어는 새로운 것이 아니었다. 그보다 훨씬 빠른 1885년에 리히트호펜 남작은 '아름다운 교외 도시' 몽클레어 조성 계획을 발표했다. 리히트호펜은 오늘날 놀라울 정도로 사실이 되어버린 말로 투자자들을 초원으로 끌어들였다. "이제 덴버는 상당히 크고 빽빽히 들어찬 도시가 되어 그 안에서 맑은 공기와 좋은 날씨를 온전히 즐기기란 불가능해 보입니다. 우리에게는 덴버와 가까우면서도, 건강을 생각하는 이들과 쾌락을 사랑하는 이들이 여유롭게 즐길 수 있는, 시골과 도시의 장점이 합쳐진 교외 도시가 간절히 필요합니다." 나의 할머니 그레이스 밀러는 그 논리에 이끌려 1925년경 몽클레어 근처에 정착했다.

교외의 규모가 작고 정말로 문명의 가장자리에 있을 때는 그 이상을 쉽게 달성할 수 있었다. 하지만 교외가 성장해서 도시가 되거나, 시골이 점점 뒤로 밀려나 교외 거주자들로부터 완전히 멀어져 버리면, 교외 계획이 무너지기 시작한다.

대부분 사람들에게는 탁 트인 자연과 접촉하고 싶은 욕구가 있다. 특히 현대의 도시 생활에 치여서 몸도 마음도 지친 사람들은 더더욱 그렇다. 작가 발레리 마틴은 자신의 단편에서 오로지 자연만이 안정감을 회복해줄 수 있다고 말했다. 생물학자 윌슨은 이렇게 다른 형태의 생명과 연결되고자 하는 본능적인 욕구를 "생명애"라고 칭했다. 한마디로 자연에는 치료 효과가 있다.

하지만 인간이 야생 서식지를 완전히 점유해버리면 일반종의 동식물도 사라져버린다. 그러면 자신의 일상에서 자연과 접촉하는 경험이 줄어들게 되고, 자연스레 관심이 떨어져 그것을 지키려는 노력도 줄어들고 만다. 이것은 순환 효과가 있어서, 멸종의 파도가 확대될수록 인간은 자연과 단절된 상태로 존재하게 된다. 나는 이것을 "경험의 멸종"이라고 부른다.

다행히 이런 사실을 오래전부터 인지하고 있는 사람들이 있었다. 조경 건축가 옴스테드의 역사적인 국립공원 조성 계획부터 오늘날의 녹지 운동까지, 혁신가들은 오래전부터 자연을 도시로 가져오고자 했다. 도시 생태학자 마이크 후크는 이 분야의 권위자다. 그가 해마다 주관하는 '도시 속의 시골' 콘퍼런스는 전 세계의 도시 개발 설계자들과 도심 녹지 옹호자들을 불러들이는 깨어있는 개발 전시회로 자리 잡았다. 자연이 살아있는 도시는 자연보호구역과 국립공원, 야생에 탐방객들이 몰리는 부담도 덜어줄 수 있다.

인간과 다른 종들의 서식지를 성공적으로 지키려면 훼손된 땅에 대한 사랑이 필요하다. 인간의 손이 닿지 않은 원시 자연을 인구 밀집지 근처에 확보해둘 수 있는 기회는 대부분 사라졌다. 하지만 이른바 '중고' 지역을 녹지와 서식지로 리모델링할 수 있는 기회는 많아졌다. 시애틀의 여러 공원이 지켜질 수 있었던 것도 이런 선견지명 있는 사람들 덕분이며, 덴버에서 뻗어나간 교외 지역에서 보낸 유년기에 나를 버틸 수 있게 해준 것도 이런 중고 서식지였다. 그곳은 과거 농경지였던 곳을 따라 구불구불 뻗은 배수로였다. 내가 깨달은 사실은 야생 지역이 주변에 없다면, 일단은 이런 중고 땅이라도 급한 대로 쓸만하다는 사실이다.

영국의 자연학자 리처드 마비는 그런 장소를 "비공식적 시골"이라고 부른다. 탈공업화 지역의 불모지와 버려진 아파트식 주거지, 공터 따위를 가리킨다. 특히 공터가 그러하다. 실제로 사람들한테 이와 관련된 질문을 던지면, 자연보호구역이 아니라 공터나 오래된 실개천에서 생명애를 느끼는 사람이 훨씬 많다. 나는 앞으로 인간의 터전 속에는 세 가지가 합쳐진 상품이 남게 될 거라고 본다. 오래된 공원과 빈터, 현대의 자연보호구역과 습지와 공지, 미개발 상태로 남은 임의의 공간들이 그렇다.

진홍타이란새를 보기 위해 시애틀의 워싱턴호수를 찾은 그날, 완전히 변해버린 도시 풍경을 얼핏 보고 나니, 이곳에 자연의 잔재가 남아있을 거란 낙관적인 생각은 그다지 들지 않았다.

하지만 찾아보기로 했다. 학자로서의 열정이 앞선 까닭에, 북서부의 최신 광역 도시권에 자연이 얼마나 남아있는지 조사하기로 마음먹은 것이다.

우선 도심과 외곽의 중간지대 벨뷰의 고속도로를 떠나 동쪽으로 향했다. 가이드북과 지도처럼 방향을 알려주는 자료는 무시하고 그냥 내키는 대로 가보기로 했다. 비가 오고 바람이 거센 날씨였다. 124번가에서 어디로 가야 할지 고민하고 있는데, 차창 너머로 노란색 방울 모양이 보였다. 호랑버들이 틀림없었다. 길가에 차를 세우고 나가보았다. 남동쪽 모퉁이에서 둘러볼 가치가 있는 빈터를 발견했다. 미루나무와 미송이 주변을 감싸고 거친 잔디와 양골담초, 검은딸기나무가 펼쳐졌다. 울타리가 쳐진 한쪽의 철조망에는 비에 젖어 매끈한 나무의 샛노란 줄기와 빛나는 잎사귀가 걸려있었다. 그리고 거기에 호랑버들이 있었다. 물 머금은 꽃차례 여기저기에 묻은 노란색 꽃가루가 꼭 비에 갇혀버린 꿀벌 같았다. 그 옆에는 워싱턴의 봄을 알리는 또 다른 꽃, 인디언플럼나무가 자리했다. 신선하고 널찍한 초록색 나뭇잎과 사슬처럼 매달린 향기로운 하얀 꽃이 빗줄기에 용감하게 맞섰다. 한낱 빈터지만 온종일 있으라고 해도 가능할 것 같았다.

교외 좀 더 깊숙이 들어갔다. 머지않아 물고기 표지판이 있는 개천을 지났다. 여러 지점에서 진흙탕 물이 호수 쪽으로 곤두박질치고 있었다. 내리는 비로 불어난 물이 제방의 경사면을 덮고 모래와 돌이 쌓인 개천 뒤쪽에서 철벅거렸다. 물이 가로지르는 한쪽 지점으로 낡은 헛간과 빗물 젖은 하얀 말이 있는 작은 시골 풍경이 눈에 들어왔다. 좀 더 멀리에는 서쪽 지류가 아파트 건물 뒤편을 둘러쌌다. 따로 떨어진 습지 가장자리는 운동 코스였다. 길이 이어지는 습지와 숲에서 불안하게 범람한 물길이 흘러나왔다. 이끼류가 전나무의 몸통을 연노랑으로 색칠했다. 칸막이처럼 쳐진 나뭇가지 틈새로 집들이 보였지만 개천과 그 부근에는 보호구역이 굳건히 버티고 있었다.

어느새 메리무어 공원 옆까지 왔다. 이 지역 공식적인 시골의 대부분을 차지하는 메리무어 공원은 버드나무로 둘러싸여 있었다. 나머지는 여가 공간으로 개발되었다. 하지만 여느 공원과 마찬가지로 적응력 강한 야생동물들은 이곳을 이용할 것이다. 방문하기에 가장 좋은 때는 대다수 사람이 집에 머무는 시간이겠지. 머리 위쪽에서는 아직 보려면 몇 달은 있어야 하는 미루나무 털 같은 갈매기들이 활공했다. 까마귀, 찌르레기, 미국지빠귀도 보였고, 물에 잠겼다 싶은 곳마다 오리가 떠다녔다. 교외의 조류학은 특히 비 때를 놓치지 않는 우아한 기회주의자들에게 경의를 표하게 만든다.

그레이터 레드먼드의 내륙지대를 걸으면서 여기까지 인간의 손길이 뻗쳤다는 사실에 우울해졌지만, 야생동물들을 배려하는 표시가 보이면 가슴이 따뜻해졌다. 대개 교외 동네 이름은 자신들이 지워버린 것의 본질에서 따온다거나, 아니면 특유의 매력적인 분위기로 유명한 영국의 시골 이미지를 빌려와 영국

느낌을 내려고 애쓰는 경향이 있다. 물론 빙퇴석과 고원, 협곡을 잠식해서 나온 결과물은 영국의 풍경과 완전히 딴판이다. 영국의 시골 풍경은 오로지 규제와 성숙함에 의해서만 가능하다. 전자는 부재하고 후자는 시간이 오래 걸린다.

그래도 최소한 물고기를 위한 배려는 남은 듯했다. 베어 크릭 지류의 "훌륭한 연어 개천"이라고 적힌 표지판에는 모두가 관심을 기울이고 있다는 문구가 함께 적혀있었다. 좋은 일이다. 하지만 연어에 관심을 기울이려면 상류에서 일어나는 일에 대한 결정권이 더 많아야 하지 않나 싶었다.

날이 저물어갔다. 오래된 붉은 벽돌 도로로 돌아가 그쪽 계곡이 어떤 모습일지 보고 싶은 생각이 들었다. 너무 오랜 세월이 지난 데다 그 도로를 처음 소개받은 책도 오래전에 잃어버려 아직 남아있을 거란 희망은 들지 않았다. 하지만 196번가로 향하는데 도로가 그대로 있었다. 차를 세우고 오래된 빨간 벽돌길을 걸었다.

벽돌 도로는 직선으로 쭉 뻗다가 한 번 방향을 틀어 약 2킬로미터 정도 이어졌다. 동쪽의 목초지와 숲이 우거진 인덕은 자연 그대로였지만 서쪽 지평선 너머로는 아파트가 줄지어 서있었다. 스코틀랜드 소 떼는 사라지고 없었지만 붉은 꼬리 말똥가리가 여전히 하늘을 날았다. 방울새가 쪼로롱 울고 습지 굴뚝새가 윙윙거렸다. 개울가의 관목 덤불에는 고양이와 호랑버들이 가득했다. 주머니쥐 사체가 이끼와 모르타르와 합쳐져 오래된 도로의 금 가고 팬 벽돌을 받쳐주었다. 그곳은 아직 시골이었다.

계곡은 어쩐지 훼손되지 않고 그대로였다. 킹 카운티(카운티는 우리나라의 '군'에 대항하는 행정 구역 단위-옮긴이)의 왕관 로고가 들어간 끄트머리의 멋진 파란색 표지판이 일러주었다. 이 붉은 도로는 1913년에 보스턴과 시애틀을 연결하는 대륙횡단 '옐로스톤 트레일'의 일부분으로 건설되었다고. 미국에 현존하는 가장 긴 벽돌 고속도로로 1983년에 킹 카운티의 명소로 지정되었다고 한다. 그저 이곳의 자연이 앞으로 20년이 또 지나도 무사하기를 바랄 뿐이다.

옐로스톤 트레일은 아서 G. 존슨 공원에서 끝났다. 이 공원은 사채 발행과 기부가 합쳐져 탄생한 녹지다. 미나리아재비와 질경이로 뒤덮인 들판을 지나 삼나무와 인디언플럼나무의 향이 퍼지는 숲까지 걸어갔다. 바닥에는 최근에 얼었다 녹아 이파리가 자줏빛이 된 보송보송한 범의귀가 보였다. 딸기나무에 3개씩 달린 초록색 잎은 축 처진 돛 같았다. 낮게 걸린 태양이 전나무 네 그루와 삼나무 두 그루 위에서 왕관처럼 반짝였다. 그 한가운데 있자니 자연이 후퇴하고 남은 강력한 장소에 혼자 서 있는 것처럼 느껴졌다.

해가 저물었을 때는 98번가가 해안선 위쪽에서 내륙으로 향하는 길에 있었다. 이제는 나무 우거진 통로로 변한 길이 늪 같은 해안선 너머로 곧장 이어졌다. 해 질 녘, 버지니아 뜸부기가 낮을 보낼 수 없다는 듯 기침 같은 소리를 내뱉는다. 먹이를 찾는 거대한 오목눈이와 박새 떼는 저무는 해를 붙잡고 분홍색

싹과 꽃차례, 오리나무의 오래된 갈색 방울을 쪼아댄다. 썩은 말뚝에 매달린 수많은 빼빼 마른 교구 목사 같은 가마우지들. 시애틀이 살금살금 서쪽으로 저물어갔다. 나는 미끌거리는 나무 보도를 따라 되돌아가며 습지의 유익한 메탄가스를 들이마셨다. 그만 돌아가기로 했다. 다시 가랑비가 내리기 시작했다.

아침에는 햇살이 환하고 바람이 불었다. 하비 매닝의 가이드북에 조언을 구하니, 그는 나를 레이크 힐즈 그린벨트 공원으로 이끌었다. 이곳은 호수와 호수 사이의 길고 제멋대로 빠져나간 녹지다. 넓은 자갈길이 붉고 뿌연 블루베리 농장과 내 나이만큼 오래된 덤불 사이로 뻗어나갔다. 조팝나무의 계피 색깔 나뭇가지에 줄줄이 늘어선 초록 싹의 갈색 윗부분은 머지않아 예쁜 진분홍색 꽃을 터뜨릴 것을 말해주었다. 산책로 초입에 이르니 보행자가 이용할 수 있는 판지 소재의 개똥 치우는 도구가 있었다.

가이드북을 살펴보니 이곳에 원시림이 있다고 했다. 가이드북대로 공원 한쪽을 찾아보았더니, 쓰러진 미송의 거대한 뿌리 뭉치를 빙 돌아 노랑관상모솔새가 가지에 앉아 지저귀고 이끼로 뒤덮인 단풍나무에 이르렀다. 전나무 옆에 서있는 속이 텅 빈 삼나무는 너비가 족히 5미터는 되었다. '원시림'은 과장임이 분명했지만, 그래도 거목들은 분명히 있었다. 고대 숲의 다양성을 전부 갖추진 않았어도 적어도 '준다양성'은 될 법했다. 나는 어느새 커다란 관목 덤불 같은 곳에 와 있었다. 벨뷰 광장에서

6킬로미터 밖에 떨어지지 않은 곳이었다.

나무를 붙들고 서있으니 차 소리가 나지막이 들렸다. 호수를 달리는 수상 비행기의 포효로 뒤덮이기 전까지는 그랬다. 일찍 알을 깐 깔따구가 검게 그을린 나무줄기에 붙어 반짝거렸다. 부러진 솔송나무에 붙은 둥근 갈색의 다공성 균류는 완벽하게 구운 마시멜로를 닮았다. 바닥의 오래된 것들은 바싹 구운 표고버섯처럼 평평하고 까만색이었다. 이름도 안성맞춤인 수풀이끼가 쓰러진 통나무를 수북이 덮어 꼭 산등성이처럼 보였다. 이곳은 원시림 문제의 입문서 역할을 할 수 있는 '빈터'였다. 황야는 아니지만 자연 그대로였다.

그렇게 교외와 자연을 둘러보다 보니, 갑자기 나는 도시의 중심지가 궁금해졌다. 벨뷰 광장과 그 주변 지역은 어떨까? 그래서 나들이의 마지막 행선지를 시내에 있는 다운타운 공원으로 정했다. 이제 고속도로를 타고 다시 도시로 진입했다. 다운타운 공원은 남쪽으로 벨뷰 광장에 접해 있었다. 지도에 초록색으로 표시될 정도로 널찍한 잔디밭이 펼쳐졌고, 까마귀가 여기저기 보였다. 하지만 이곳의 가장 대표적인 명물은 분홍색 콘크리트 수로를 도는 자갈길과 여러 층으로 된 폭포다. 콘크리트 길가에는 분홍색 오벨리스크 모양의 가로등과 플라타너스 나무가 번갈아 가며 쭉 서있다. 전체적으로 매우 격식을 차린 듯한 느낌이다. 과연 이곳이 자연과 연관이 있을까? 처음에는 확신할 수 없었다.

폭포의 분홍색 테두리에서 기분 좋게 떨어지는 물을 바라보는데 폭포가 어디든 다 비슷비슷하며 이것이 인공적이라는 사실이 떠올랐다. 하지만 곡선과 잔물결, 부드러운 퐁당 소리가 쇼핑몰과 고층 건물로 이루어진 삭막한 주변 풍경을 누그러뜨려 주는 것은 확실했다. 어디든 모든 분수가 다 그렇다. 물은 인간에게 주어진 가장 대표적인 임시처방이다.

또 다른 사실도 떠올랐다. 내가 1966년의 2월 어느 날에 꼬마오리를 처음 본 곳도 이런 콘크리트 웅덩이였다는 것을. 정확히 말하자면 워싱턴대학에 있는 분수에서였다. 흰색과 검은색 깃털로 장식된 둥둥 떠다니는 솜털 같은 자태가 마음을 사로잡았더랬다. 그것은 시애틀에서 첫 겨울을 맞이한, 자연을 사랑하는 도시 유배자에게 간절히 필요한 것이었다. 그때부터 시작된 새에 대한 사랑이 25년 넘도록 이어지고 있지 않은가.

그 날 다운타운 공원 연못에 꼬마오리는 없었다. 하지만 언제든 볼 날이 올지도 모른다. 갈매기와 플라타너스 나무의 씨앗은 보였다. 그리고 공원을 나설 때 한쪽 모퉁이에 숨겨진, 검은딸기나무가 있는 작은 빈터가 눈에 띄었다. 어쩌면 시내에 마지막 남은 빈터일지도 모르겠다.

교외에서 산다는 것은 변화를 안다는 것이다. 내가 사는 동네에서는 어떤 나무에 너무 정을 많이 주면 허무함만 돌아오기 십상이었다. 마찬가지로 당신이 사는 곳의 랜드마크와 장소도 내일 갑자기 사라져버릴지 모른다. 하늘다람쥐가 떠나고 억센 들쥐가 들어온다. 그렇게 인간은 원래 있던 것보다 훨씬 삭막해진 환경에 정착한다. 결국, 교외는 시골이 아니다. 하지만 계획과 관심 그리고 자연에 많은 돈과 땅을 쓰려는 의지만 있다면, 교외에도 가치 있는 것들이 살아남을 수 있다.

내 친구가 "현대 시스템망 속의 틈"이라고 부르는 이런 특별한 공간을 찾는다면 자연과 단절되지 않을 수 있다. 그곳엔 인간뿐만 아니라 다른 많은 것들도 같이 살고 있기 때문이다. 적어도 이런 면에서 교외의 이상적인 목표는 성공이라고 할 수 있다. 좋은 것들을 싹 다 밀어버려 파괴하지 않도록 해주니까.

할아버지가 일요일 저녁 식사에 대해 하셨던 말씀이 딱 들어맞는다. "아주 훌륭했어. 변변친 않았지만 그 자체로 꽤 풍성했지."

두 번째 이야기

동네의 특별한 장소와 동식물, 아이들

우리가 잃어버린 빈터를 꿈꾸며

1999년 한 콘퍼런스에서, 나는 사람들에게 어린 시절의 특별한 장소가 있는지를 물었다. 그리고 그 특별한 장소가 그대로 남아 있는지도. 슬프게도 고작 열댓 명만이 그 장소가 그대로 남아있다고 대답했었다. 그로부터 20년 후, 같은 행사에서 똑같은 질문을 던졌을 때 예전과 달라진 대답을 들을 수 있었다. 500명에 가까운 청중 가운데 거의 절반가량이 어린 시절 마법의 장소가 여전히 그대로 남아있다고 대답했던 것이다.

나는 이 반가운 사실이 어린 시절의 매혹적인 장소를 지키려는 감성과 행동력이 커졌다는 방증이라고 생각하고 싶다. 자연과의 유대는 어린 시절에 좋아하고 즐겨 찾는 장소로 표현되고 달성된다. 아직도 많은 이들이 놓치고 있지만, 이런 '빈터'는 현대의 문화가 결코 잃으면 안 되는 친밀감과 교육의 원천이다.

나는 수업이나 강연을 할 때 청중 혹은 학생들에게 어릴 때 접했던 특별한 땅을 기억하는지 꼭 물어본다. 자주 가서 놀고 탐험하고 새쭉거리기도 하고 생각에도 잠겼던 곳. 요새를 만들고 이런저런 생물을 잡고 물과 식물 속에서 장난도 치던 특별한 장소. 대부분이 손을 든다. 그러면 나는 그 장소에 대해 떠오르는 것을 이야기해달라고 부탁한다.

대개 그 특별한 장소에는 물이 있다. 개천이나 운하, 협곡, 연못. 그리고 나무와 풀이 있다. 큰 나무와 수풀, 덤불, 숲이 우거진 작은 골짜기 혹은 움푹 꺼진 곳,공원, 오래된 들판, 목초지, 초원. 이런 장소를 묘사할 때는 빈터라는 표현이 자주 사용된다. 실제로 도시나 교외 지역에서 자란 청중이나 학생들이 처음 자연을 접한 장소는 대개 일종의 빈터다. 근접성, 야생, 비밀스러움, 가능성이라는 공통점이 있다. 사람들은 대부분 그 추억의 장소에 대해 자신도 놀랄 정도로 상세하게 설명할 수 있으며 깊은 애정이 샘솟는 것을 느낀다. 그 까닭에 내가 두 번째로 묻는 말은 슬픔과 동시에 동지애를 일으킨다. "그 특별한 장소가 지금까지 변치 않고 그대로 남아있나요?" 근래에도 전형적인 결과를 목격한 바 있다.

1999년 10월에 매니저와 과학자, 산림관리인, 엔지니어, 교사, 환경 운동가 등을 대상으로 콜로라도의 한 콘퍼런스에서 강연을 했다. 평소와 마찬가지로 던진 첫 번째 질문에는 대부분 손이 올라갔다. 사람들의 얼굴에 기쁨과 설렘이 나타났고 어린 시절에 즐겨 놀던 곳으로 다시 초대된 듯 꿈꾸는 표정을 짓는 이들도 있었다. 그들이 지금의 직업을 가지는 데 큰 영향을 끼쳤던 바로 그 장소이기 때문이었다. 하지만 두 번째 질문에 손을 든 사람은 300~400명 중에서 10명도 되지 않았다. 거의 모두의 특별한 장소는 망가지거나 몰라볼 정도로 달라져 버렸다. 실망 가득한 얼굴들이 보였다. 이어진 토론에서 그들은 잃어버린 장소에 대한 걱정과 괴로움을 나누면서 그나마 위안을 얻었고, 그런 장소를 가능한 한 살려야 한다는 공동의 신념을 확인하며 힘을 내었다.

이 문제에 관한 나의 신념은 정말 수수한 장소에서 나왔다. 바로 하이라인 인공 운하다. 이 수로는 콜로라도 프런트산맥에서 시작되어 약 120킬로미터를 지나 플래트강의 작은 지류를 타고 종착역까지 흐른다. 덴버의 주요 돌림 수로였던 역사적인 관개 도랑이었지만, 훗날 수상 수송에서 레크리에이션으로 그 역할이 바뀌었다. 하지만 1950년대와 60년대의 내 유년기에 그 '도랑'은 정말로 중요한 역할을 했다.

2차 세계대전 이후 덴버의 가장자리에 조성된 교외 가운데 가장 동쪽에 자리 잡은 우리 동네 주민들은 농지로서의 수명이 다한 대초원에 들어선 격자형 거리에 살았다. 형 톰이 집으로 돌아와 물기와 푸르름이 가득한 흥미롭고 깨끗한 도랑을 발견했다고 발표한 날부터, 하이라인 운하는 나의 아지트이자 친구이자 관심사가 되었다. 무성하게 자라는 식물들과 구불구불한 길로 이루어진 그곳은 완벽한 탈출구였다. 자유롭게 돌아다닐 수 있는 방과 후와 여름방학 때는 틈만 나면 도랑을 찾았다.

한번은 형과 밖에서 놀다가 우박을 동반한 폭풍을 만났다. 야구공만 한 우박 덩어리가 들에 서있는 소들의 등을 부서뜨릴 정도로 엄청나게 파괴적이었다. 아무런 보호 수단도 없는 작은 아이들에 불과한 우리는 치명적인 위험에 놓였다. 형이 나를 속이 빈 커다란 미루나무로 밀어 넣었고, 나무는 우리의 목숨을 구했다. 둘 다 멍이 심하게 들었고 형은 뇌진탕까지 입었지만, 그 후 속 빈 미루나무는 우리 우주의 중심이 되었고 도랑은 훨씬 더 큰 힘을 갖게 되었다.

아직 초기 상태였던 공원과 발자국으로 다져진 오솔길, 6번 고속도로, 밭 한두 곳을 건너 도랑에 도착했을 때, 우리가 만난 것은 갈색과 녹색의 불가사의하고 무질서한 세계였다. 둑에 걸린 길쭉한 풀들이 바람에 몸을 흔들었다. 벌새들이 풀 사이를 날아다니고 커다란 흑백의 나비들이 위쪽의 버드나무 사이를 미끄러지듯 지나갔다. 더 높은 곳에는 역시나 흑백이지만 보는 시각에 따라 색깔이 변하는 시끄러운 까치들이 있었다. 찌르레기, 딱따구리, 황조롱이, 타이란새는 우리가 새총을 쏘지 않는 한 계속 곁에 머물렀다. 운하 주변의 농가에 사는 아이들이 부러웠던 나는 그들의 삶을 마음대로 상상하고 최선을 다해 흉내냈다. 나보다 나이 많은 거친 소년들과 위협적인 농부들, 수로 관리자들을 조심하면서.

그 후 몇 년 동안 혼자 그리고 친구들과 함께 탐험과 놀이 목적으로 미루나무 그늘이 드리워진 구불구불한 물길을 찾았다. 가재와 새, 나비를 발견했고, 집에서 혼난 날엔 입을 비죽거리며 발로 흙을 걷어찼고, 숨고 야영하고 요새를 짓고 옥수수를 서리하고 온갖 먹거리를 구워 먹는 등 시골 생활을 모조리 흉내 냈다. 고등학생이 된 후로는 사교 장소가 주로 도심으로 바뀌었지만, 나를 나비학자로 키워준 들판과 강둑은 계속 찾았다. 나만 그런 줄 알았는데 아니었다. 수의사, 동물 사육사, 야생동물 보호원 등 우리 지역에서 자연 관련 분야에 종사하는 동료들은 그 분야에 관심이 생긴 계기를 적어도 부분적으로 하이라인 운하 탓으로 돌렸다. 어디든 그런 장소들은 다 마찬가지일 것이다.

나는 또 다른 저서에서 하이라인 운하가 나와 다른 사람들에게 끼친 영향에 대해 이렇게 적었다. "하이라인 운하와 나의 빈터, 후줄근한 공원이 없었더라면 나는 자연학자가 되지 못했을 것이다……나만의 특별한 장소에서 발견한 자연에의 완전한 몰입은 절대로 흔들리지 않는 믿음을 심어주었다. 하지만 그것은 우연의 문제이기도 했다."

여기서 주목해야 할 부분은 콜로라도 오로라의 인구가 4만 명에서 40만 명으로 늘어나는 동안, 운하가 어떻게 변했느냐 하는 것이다. 들판, 습지, 농가의 뜰, 숲으로 우거진 협곡에 대형 불도저가 지나갔다. 그 황량한 손실이 나를 환경보호 쪽으로 이끄는 계기로 작용한 것은 사실이다. 운하를 사랑했던 많은 사람들의 노력과 운하의 상징적 의미 덕분에 몇몇 부지가 보호되고 국립 트레일 시스템의 일부로 도랑 관리인용 도로가 만들어질 수 있었던 것도 사실이다. 하지만 그곳의 매력과 마법이 상당 부분 사라졌고 그에 따라 운하가 아이들의 삶에 끼치는 영향력도 줄어들었다. 이런 식으로 미국 전역에서 수백만 개의 특별한 장소가 사라져서 생긴 누적 효과는 엄청날 것이다.

아이들이 특정한 장소와 강력한 유대감을 맺는다는 것은 잘 알려진 사실이다. 피터 H. 칸 주니어는 물리학과 사회과학적 방법으로 자연과 어린이들이 맺는 유대의 기원을 분석했다. 그는 이러한 결합이 깨지기 쉬우며 현대 문화 특유의 중압감에 영향을 받는다고 결론 내렸다. 또 다른 학자들은 요새 만들기와 탈출, 발견의 장소를 상세하게 묘사하고 '유년의 지리학'을 탐구했다. 소벨의 "진달래나무에 둘러싸인 미로 같은 통로"와 스태포드의 "쐐기풀과 오리나무 사이의 실타래 같은 길" 같은 표현은 이 작가들의 자연주의적인 삶의 방식이 추억의 장소 덕분임을 보여준다.

야외 체험이 아이들에게 중요하다는 인식은 이런 현대 사상가들보다 훨씬 앞서 등장했다. 19세기 후반부터 20세기 중반까지 자연 학습은 미국 교과과정의 공식적인 요소였다. 실제로 나무 이름을 배우는 게 학교 공부에 속했다. 물론 자연 학습의 질과 깊이는 제각각이었지만 대부분의 미국 학교들은 안나 보츠포드 콤스톡의 《자연 학습 핸드북》을 교과서로 사용했다. 자연 학습 운동이 온 국민을 세련된 자연학자로 만들지는 못했지만, 적어도 학생들은 학교에서 배운 것을 바탕으로 자연에서 스스로 뭔가를 발견할 수 있었다. 동식물 공부는 읽기와 쓰기, 셈하기와 더불어 기초 교육의 중요한 부분이었다.

그러나 제2차 세계대전 전후로 수학과 과학에 초점을 맞추는 교육이 진행되고 냉전 시대에 이르러 절정에 달하면서, 표준 교과과정 단위로서의 자연사는 거의 소멸했다. 엄격한 수치적 학문이 그 자리를 대신했고 관찰적인 접근은 평판이 나빠졌다. 심지어 존 버로스의 시대에 숭배받았던 '자연주의자naturalist'라는 말조차 무르고 비과학적이며 감상적인 접근을 뜻하는 것으로 폄하되었다. 서술적인 자연사와 생물 분류학이 명백한 실험만큼 인정받지 못한 것도 당연했다. 그것들은 시대에 뒤떨어진 것으로 빠르게 전락했고 학교에서 설 자리를 잃었다.

나의 지대한 자연 사랑도 새를 사랑하는 소수의 교사가 운영하는 방과 후 생태학 동아리 외에는 더 이상 학교에 낄 자리가 없었다. 어쩔 수 없이 책과 국립오듀본 협회의 팸플릿, 진정한 자기 주도형 산책에 기대어 자연사에 관한 관심을 추구해야만 했다. 지역에 서식하는 동식물에 대한 기본적인 지식을 갖추고 졸업하는 학생들은 점차 드물어졌다.

도시가 본격적으로 성장하면서 전통적인 현장 공부는 종말에 이르렀다. 아이가 자연을 알려면 혼자만의 시간에 밖으로 직접 나가 접촉해야만 한다. 그러나 자연 공부가 스푸트니크의 그늘에 가려져 사라지고 교외 주택 단지 건설이 급증하면서, 숲과 들판도 전례 없는 속도로 사라졌다. 농촌을 떠나 도시로 향하는 가족들이 점점 더 늘어났지만 도시가 성장을 거듭하면서

농촌의 가장자리까지 잠식해 들어갔다. 교외가 성장하고 소도시가 대도시로 커짐에 따라 특별한 장소들은 점점 뒤로 물러났고 아이들은 집, 학교, 쇼핑몰 밖의 세상과 물리적으로 접촉하는 일이 거의 없어졌다.

아이들이 자주 찾는 도시의 공터가 파괴됐을 때 어떤 결과가 초래되는지 알려면, 우선 그런 장소들이 실제로 어떤 서비스를 제공하는지 생각해봐야 한다. 첫째, 가장 먼저 떠오르는 것은 놀이다. 인류의 오랜 역사 동안 아이들은 자유로운 시간이 주어질 때면 무엇보다도 가까운 자연의 장소 즉, 마당의 큰 나무나 덤불진 구석, 물가 근처나 숲으로 나갔다. 모험을 상상하고 요새를 짓고 음모를 꾸미고 가재와 벌레를 잡을 수 있는 곳들 말이다. 부족 사회에서 이런 놀이는 기본적인 생존 기술의 학습에 필수적이었고, 오늘의 가재와 송사리는 내일의 사냥감이자 저녁거리였다. 이제 자연에서의 생존 기술이 필요하지 않게 되었지만 그런 놀이가 주는 본능적인 즐거움은 남았다. 사냥과 채집으로 살아가던 과거와 진화의 유산을 이어주는 것이다.

둘째, 자연 리터러시literacy(읽고 쓸 줄 아는 능력-옮긴이)가 떠오른다. 부족 사회 시대에서는 다른 종에 대한 긴밀한 지식이 생존에 필수적이었다. 인간은 근처에 인간이 아닌 어떤 이웃이 사는지 알고 자랐다. 그렇지 않으면 심각한 문제에 처했다. 누군가는 이제 야생에 대한 지식의 정도가 생존을 좌우하지 않으므로 그런 지식을 쌓으려고 애쓸 필요가 없다고 주장할지 모른다. 하지만 내 생각은 이렇다. 집단의 무지는 집단의 무관심으로 이어진다. 거기에서 생태학의 가치하락과 붕괴까지는 그리 멀지 않다. 나는 이렇게 주장한다. "인구 증가와 급격한 화학 오염을 제외하고, 환경의 미래를 가장 위협하는 것은 자연 문맹일 것이다."

빈터와 개천, 구석진 미개간지가 제공하는 세 번째이자 가장 중요한 서비스는 친밀감이다. 많은 사람이 주변의 자연 요소와 친밀해질수록 "경험의 멸종"을 막을 수 있다. 경험의 멸종 이론에서는 일상에서 다양한 경험-식물학, 동물학, 문화학, 건축학, 사회학적 경험-을 접할수록 환경의 다채로운 요소들을 인식하게 되므로, 그 요소들이 처한 위협을 우려하고 궁극적으로 보전하고자 하는 욕구로 이어진다고 상정한다. 그러니 주변에서 일반종이 사라지면 도달 반경이 좁은 사람들에게는 완전한 멸종이나 마찬가지다. 게다가 주변 환경에서 다양성이 사라지고 동일성이 덮치면, 세계의 다양성에 대한 광범위한 무지가 후유증으로 남게 되며, 곧이어 불만, 소외, 무관심이 찾아온다. 따라서 지역적인 멸종이 계속되면 점점 주변 환경이 평평해지고 메말라지면서 깊은 고립이 초래된다. 경험의 멸종은 빈곤이 더 큰 빈곤을 낳는 악순환이다.

경험의 멸종이 가져오는 궁극적인 결과는 애슐리 몬터규와 새뮤얼 S. 스나이더가 《인간과 컴퓨터》에서 설명한 초도심super-urban 상태와 비슷할지도 모른다. "무관심, 분리, 고립 같은 비인간성이 도시의 생활방식이 됨에 따라 도시는 인간이 인간성을 잃는 황무지가 되었다." 오늘날 경험의 멸종이 심각한 위협인 이유는 바로 그 분리 상태 때문이다.

경험의 멸종 같은 광범위한 사회적 개념은 분석적으로 시험하기가 어렵다. 이것이 현실로 성큼 다가왔음을 확인하는 방법으로는 통제된 실험보다 공동의 경험에 대한 일반적인 인식이 더 적합할 것이다. 그러나 어떤 지역에 나타난 자연의 변화 정도(내가 ΔN이라고 부르는 것)를 평가하기 위해서, 가장 효과적으로 이용하는 방법 중 하나가 나비를 관찰하는 것이다. 나비는 고유 생태계에 따른 특징이 있고 눈에 잘 띄는 데다 친숙해서 생태학과 생물지리학상의 풍부도와 고유함, 지속성을 나타내는 효과적인 지표로 널리 사용되어왔다. 개발이 되면서 서식지의 균질화와 해체가 이루어지면 나비의 개체군이 감소하기 때문이다. 또한 어떤 지역의 나비 멸종에서 비롯된 ΔN은 아이들에게 영향을 미치는 서식지의 적합성을 나타내는 척도로 읽힐 수 있다. 채집과 관찰로 표현되듯 곤충, 특히 나비는 아이들의 호기심을 유발하는 가장 대표적인 대상이기 때문이다.

나는 1959년부터 지금까지 콜로라도주 오로라에 있는 하이라인 운하 주변의 나비를 간헐적으로 연구해왔다. 40년이 넘는 시간 동안 그곳 나비류의 변화를 관찰하고 기록했다. 늘어난 나비도 있지만 대부분은 줄어들었다. 지난 25년 동안의 연간 나비 집계수도 자료에 추가했다. 내가 1970년에 하이라인 운하 주변에서 발견한 나비는 북미 대륙에 서식하는 종의 10분의 1

이었다. 하지만 그 후 그 지역의 나비 멸종이 명백히 임박했다는 사실을 발견했다. 내가 도시의 곤충 멸종에 관한 논문에서 밝혔듯이, 오로라의 나비 멸종 비율(40%)은 스태튼섬(23.6%)이나 오렌지 카운티(21.25%), 샌프란시스코(7.6%)보다 높았다. 그 이후 어떤 종들은 아예 자취를 감추었고 새로운 종이 나타나기도 했다. 하지만 늘어난 종들은 대개 불규칙하고 우발적인 침입종이나 이동하는 종처럼 일관성이 없는 나비들이었고, 군집을 이루고 살아가는 특수 종들은 사라졌다. 나는 7월 4일 독립기념일마다 하이라인 운하의 나비 숫자를 25년 동안 기록해왔는데, 몇 년간은 다른 곳에서 유입된 일반종인 배추흰나비 개체 수가 전국적으로도 높은 수준으로 집계되었지만, 특정한 장소에 서식하는 희귀종 올림피아 마블 흰나비는 사라진 것으로 나타났다.

헥타르 면적(A)과 멸종(E)이 발생한 시간(T)을 고려하여 손실 강도를 측정할 수 있다. 이 공식에 따르면 100년 동안 확률적 과정으로 동물 100종 가운데 한 종을 잃는 자연보호지역 1,000헥타르의 ΔN 값은 0.01이다. 앞에서 언급한 4개 도시의 ΔN 값은 스태튼섬 0.11, 오렌지 카운티 0.14, 샌프란시스코 0.80, 오로라의 하이라인 운하 143.0이다.

지역(A)은 문화적 결과보다 생물학적 결과와 더 관련 있으므로 이 공식에서 제외될 수 있다. 그렇게 하면 숫자가 다소 평이해진다. 특정 인구층의 도달 반경을 계산해 포함하거나 같은 크기의 땅을 골라 비교하면 최종 수치도 바뀔 것이다. 그러나 상대적인 순서는 그대로다. 큰 오차 범위를 참작하더라도 이 수치들은 이 도시들에서, 특히 가장 빠르게 교외화되고 있는 지역에서, 자연을 경험할 기회가 크게 줄어들었음을 시사한다.

게다가 일반적으로 도시 동식물군의 균질화는 예전의 넓었던 서식지에서 그나마 남아있던 작은 주변부마저 손실될 때 진행된다. 곤충은 그런 조건에서도 거대동물군보다 더 오래 살아남을 수 있다. 오로라에서 사라진 올림피아 마블 흰나비와 주홍부전나비속 브론즈 카퍼의 마지막 서식지는 각각 오래된 들판과 공터 습지였다. 도시 아이들의 자연 접촉은 대개 바로 그런 곳에서 이루어지므로 아이들이 자연을 접하는 기회도 도시의 나비 멸종과 비례하여 감소한다는 결론을 끌어낼 수 있는 것이다.

마지막으로, 곤충과의 접촉을 계기로 현재의 직업을 선택하게 된 생물학자와 환경보호 운동가, 기타 관련 전문가의 비율이 높다는 사실을 고려하면, ΔN은 경험의 멸종 상태를 알려주며 그 영향을 예측하는 신뢰할 수 있는 지표라고 할 수 있다. 지금의 콜로라도 오로라에서 앞으로 환경 분야의 지도자가 나오지 않을 것이라는 사실을 증명하는 것은 불가능하지만, 오로라에 사는 아이들이 열렬한 자연주의자와 친환경 유권자로 자랄 가능성은 그 지역 나비의 개체 수와 다양성과 함께 줄어들었다고 결론지어도 무리가 아닐 것이다.

경험의 멸종이 초래하는 필연적인 결과는 도달 반경이 작은 사람들, 즉 자신이 사는 동네를 벗어나 새로운 자극을 얻기가 쉽지 않은 사람들에게 더 큰 영향을 미친다. 다시 말하자면 가난한 사람들, 장애인들, 노인이나 어린아이들 말이다. 교외 지역에서 배출되는 미래의 환경 운동가는 캠프에 참가하거나 시골에 자주 놀러 갈 형편이 되는 아이들, 혹은 집에서 걷거나 자전거를 타고 갈 수 있는 거리에 특별한 장소를 가진 아이들이 될 것이다. 동네 안에서 접하는 자연이 전부인 사람에게 경험의 멸종은 특히 해로울 수 있다.

경험의 멸종이 초래하는 해로움은 연쇄적인 효과를 일으킨다. 우선 자연과의 직접 접촉이 줄어들면 부정적인 영향이 문화의 모든 측면으로 확산된다. 아이들은 야외에서 신선한 공기를 마시면서 하는 신체적 활동이 부족해진다. 나아가 자연이 결핍된 아이들은 적어도 어느 정도 지적인 타격도 받는다고 추측할 수 있다. 물론 정신적 발달은 식물과 동물, 토양, 바위와의 접촉에 전적으로 의존하지 않는다. 주로 실내 환경에서 지적 능력의 발달이 이루어지는 경우가 많다. 하지만 나는 인식의 폭이나 추론 능력, 관찰의 정확성, 대뇌를 발달시키는 연상 기술이 생물학적, 지질학적 노출의 직접적인 결과로 더욱더 예리해질 수 있다고 생각한다. 생물애에 관한 문헌 전반에서 비슷한 결론이 나타나며, 생물애를 자아내는 장소들은 분명 우리에게 정서적인 영향을 끼친다. 좀 더 긍정적인 측면에서 보자면, 자연의 장소와 친밀한 관계를 맺고 있는 사람들은 더욱더 풍부한 감정으로 세상을 바라본다.

따라서 자연과의 접촉을 잃는다는 것은 도덕적인 파괴라고 해도 과언이 아니다. 성인군자 세대를 육성하자는 이야기가 아니다. 야외에서 이루어지는 놀이에(특히 남자아이들) 잔인함과 파괴의 시험이 수반되는 경우가 많은 것은 사실이다. 자연주의자는 선량하고 도시주의자는 나쁘다는 말도 아니다. 하지만 물리적 세계와 온전히 접촉해 있을 때 발달하는 도덕적, 윤리적 차원은 분명 존재한다. 켈러트는 다른 생명체에 대한 인간의 태도를 오랫동안 연구한 끝에 "자연의 깊이를 파헤칠수록 인간의 육체와 정신을 양육하는 자연의 독보적인 능력을 맞닥뜨리게 된다"라고 결론 내렸다.

도덕적인 요소는 인간의 영역을 넘어서는 윤리의 성숙과도 관련이 있다. 자연 세계와의 도덕적 관계에 대한 설득력 있는 제안은 알도 레오폴드의 "대지 윤리Land Ethics", 윌리엄 O. 더글러스의 《자연 권리장전》, 로더릭 내시의 《자연권》, 크리스토퍼 스톤의 《나무도 지위가 있는가?》에서 찾을 수 있다. 이들은 인간이 아닌 것까지 고려하는 진보된 도덕 세계를 옹호한다. 그런 자연 중심의 윤리는 바위와 나무, 야생과의 자유롭고 손쉬운 접촉점을 잘 보전한 국가에서 발달할 가능성이 크다. 레오폴드가 사용한 포괄적 용어를 빌리자면 큰 꾸러미뿐만 아니라 작은 꾸러미의 땅이 잘 지켜지는 곳 말이다.

노출의 양(시간)과 질(깊이)의 측면에서 자연과의 경험이 고갈되면, 다른 인간성의 발달도 저해될 수 있다. 그런데 슬프게도, 요즘 세상에는 아이와 자연의 관계에서 고려해야 할 또 다른 요인이 생겨버렸다. 바로 안전의 문제이다.

베이거나 까진 상처, 부러진 뼈는 야외 모험의 달갑지 않은 전리품으로 항상 아이들과 함께해왔다. 그러나 이제는 폭행과 납치로까지 위험 요소가 확대되었다. 인구 증가 밀집과 함께 신체적 폭력의 발생이 늘어나면서 어린 자녀가 밖에서 자유로이 놀도록 허락하는 부모가 크게 줄어든 것이다. 우리 세대에게는 당연했고 타고난 권리로까지 여겼던 것인데 말이다. 폭력 사건이 실질적인 위협이든 선정적인 뉴스를 보고 느끼는 우려에 불과하든, 부모들은 숲이 안전하지 않다고 생각한다. 내가 최근에 만난 한 학자는 분명 자연에 민감한 사람임에도 불구하고, 7세 자녀가 집 바로 앞에 혼자 나가 있는 것조차 허락하지 않았다. 나와 친구들에게는 엄청난 고문이었을 것이다. 마음대로 운하에 놀러 가는 자유를 누리지 못했다면 지금의 내가 되지 못했을 거라 확신한다. 어린이들이 자유를 잃은 것은 자연의 장소들이 제자리를 잃은 것만큼이나 커다란 비극이자 시련이다.

공식적인 자연 학습의 부재, 집으로부터 멀어진 농식물 서식지, 안전을 이유로 줄어는 행동반경 말고도 요즘 부상하고 있는 가상현실도 문제다. 텔레비전은 오랫동안 아이들의 자유 시간을 장악했고, 덴버의 텔레비전은 채널이 겨우 4개뿐이었던 40년도 전에도 나의 자유 시간을 두고 뒷마당과 경쟁한 바 있다. 그런데 이제는 이런 비교가 불가능하다. 컴퓨터 게임, 인터넷, 다른 형태의 간접 오락이 아이들의 시간을 모조리 차지하고 말았으니까. 시애틀의 나비 온실에서 본 한 남자는 반짝이는 블루 모르포 나비 떼가 바로 머리 위에서 날아다니는데도 오직 통화에 지장이 갈까 봐 걱정할 뿐이었다. 뭐 그냥 웃어넘겼다. 전자기기에 빠진 사람은 거리에서도 고속도로에서도 흔히 볼 수 있으니까. 하지만 보잉 777기 안에서 태양 가득한 그린란드의 시원하게 뻥 뚫린 산과 설원, 쪼개지는 빙하를 놔두고 두 어린 형제가 게임기에 얼굴을 파묻고 있는 것을 보았을 때는 불안해졌다. 아이들은 게임기 화면을 잘 보려고 승무원을 통해 내 쪽의 창문 가리개를 내려달라고 요구하기까지 했다.

다수의 기술 논문에서는 사이버 현장 학습의 무한한 경이로움을 열거한다. 한 논문은 "교육자들이 기술을 활용해 여러 매력적인 장소로의 '가상' 나들이에 학생들을 데려가는 일이 점점 많아지고 있다"라고 주장했다. 물론 이런 전자식 현장 학습은 멋지고 참여적인 교육을 제공하기도 한다. 하지만 최대한 강렬한 효과를 내기 위하여 전자기기에 압축해서 편집해놓은 세상은 일상의 경이로움을 전해주지 못한다. 현실이 자동차 추격과 건물 폭발로 이루어지지 않듯이 일상의 자연은 화면 속에서 짝짓기하는 코뿔소보다 쇠비름에 앉은 메뚜기에 훨씬 더 가깝다. 아이들에게 기본적인 경험을 제공하는 온실이나 동물원도 어느 정도 책임이 있다. 동물원이나 텔레비전에서 갇힌 동물들의 극단적인 행동을 보여줌으로써 동물원 밖의 진짜에 대한 경험을 망치기 때문이다.

그런데 대체 도랑이 어디에 있단 말인가? 그게 문제다. 도랑과 개울이 빗물 배수구로 보내지거나, 콘크리트로 메워지거나, 살충제가 뿌려져 아이들의 눈앞에서 사라졌다. 집에서 걸어갈 수 있는 거리에 동식물이 많이 사는 도랑과 개울, 들판, 숲이 있는 아이들은 행운이다. 공원이나 자연보호구역도 내가 "중고 대지" 혹은 "중고 서식지"라고 부르는 것, 영국의 자연주의자 리처드 마비가 동명의 책에서 "비공식적인 시골"이라고 표현한 장소를 대신하지 못하고 있다.

공원은 빈틈없이 손질되고 화학적으로 처리되어 모험심 많은 아이의 관심을 일으키지 못한다. 특별한 장소가 아이들에게 마법을 부리려면 약간 오싹하게 만들고 파괴도 해야 한다. 아이들이 자유롭게 나무에 오르고 이리저리 빈둥거리고 뭔가를 잡기도 하고 물에 젖고 해야 한다. 무엇보다도 길에서 벗어날 수 있어야 한다. 하지만 보통 이런 활동은 금지되며 거기에는 타당한 이유가 있다. 나는 희귀한 다양성 요소의 신중한 보전과 관리를 위해 가능한 한 자연을 엄격하게 보호해야 한다고 생각한다. 그러나 공식적인 보호구역과 마찬가지로 비공식적인 시골-감독 없이 야이 놀이가 이루어지는 영역-도 건축물 즐비한 풍경 속에서 인정받고 보호되어야만 한다고 생각한다. 우리는 마법이 일어나는 작은 장소를 알아차리고 공원과 보호구역처럼 다루고 보존해야 한다. 간섭을 덜 한다면 더 좋다.

이 주장이 어떤 가정에 의존하는지도 알고 있다. 빈터의 실제 범위가 그중 하나다. 아이들을 위한 특별한 장소로 사용할 만한 공간이 얼마나 되는지, 아이들이 자연에 대한 배려심을 키울 만큼 자연 서식지와의 접촉을 보장해주려면 녹지의 양과 질이 어느 정도나 필요한지 측정하는 것은 훨씬 더 어렵다. 자연과의 직접 접촉이 어려울 때 대리 및 가상 경험이 어느 정도 되어야 직접 접촉의 영향력을 보완할 수 있는지도 정확히 알 수 없다. 관찰에 작용하는 추론이나 추측에 의존해야 한다. 하지만 반드시 고려되어야 하는 부분이다. 탄탄한 자료가 나오기 전까지는 교외 개발의 급속한 확장과 경험의 분산이 경험의 멸종을 심화시킨다고 가정하는 것이 타당해 보인다.

그렇다면 사라지는 특별한 장소에 대한 실질적인 해결책과 대안은 무엇일까? 알다시피 문제는 아이들이 작은 에덴에서 쫓겨난 것이 아니라 에덴 자체가 제거된 것이다. 빈터를 타락하기 전의 상태로 되돌리려면 어떻게 복구해야 하고 남은 것들을 어떻게 유지할 수 있을까?

가장 큰 난관은 특별한 장소를 알아보고 보호하는 것이다. 그런 장소들의 특징은 은밀함이기에 어른들은 잘 알지 못한다. 그리고 보통 그런 장소는 환경보호자들이 지키려고 투쟁하는 곳들보다 훨씬 소박하다. 아이들이 사랑하는 공터나 녹지는 토지 이용 담론에 포함되더라도 실제로 그곳을 지키기 위해 힘이나 자원이 쓰이는 일은 거의 없다.

세간의 관심을 끄는 사건으로 만들어 특별한 장소를 구하는 방법은 성공할 수도 있지만 지루하고 비용도 많이 들고 위험하다. 그리고 얼핏 승리한 것처럼 보이지만 냉혹한 현실에 의해 결과가 망가질 수도 있다. 얼마 전 콜로라도주 오로라의 하이라인 운하에서 남쪽으로 그리 멀지 않은 곳에 값진 유물처럼 남겨진 주얼 습지 공원-반경 수 킬로미터 안에 남은 마지막 미개발지-이 개발의 위협에 직면했다. 학부모들을 중심으로 한 주민들이 당국과 협력하고 비영리 단체의 도움을 받아 모금에 나섰다. 결과는 대성공이었다. 그들은 초원의 잔재인 부들 습지, 버드나무와 미루나무가 있는 가장자리 땅을 녹지와 홍수 관리를 위해 사들였다. 아이들은 방과 후와 여름방학에 앞으로도 계속 그곳에서 탐험하고 놀고 배울 수 있다는 사실을 기뻐했다. 그러나 수많은 이해관계의 개입, 오프로드 차량, 이미 일어난 피해, 불안정한 배수로 같은 문제들, 새로 그곳을 찾게 된 다양한 이용자층으로 인해 공원은 엄청나게 바뀌고 말았다. 수백 명의 자원봉사자가 자연 그대로의 초원과 습지에 배수로와 공원의 특징을 합친 멋지고 기능적인 장소를 탄생시키는 데 도움을 보탰지만, 그러나 그 과정에서 야생의 원시적인 요소나 예측 불가능한 발견으로의 초대는 거의 사라졌다. 이제는 보드워크와 나비 정원이 달콤한 놀라움을 대신한다. 깊숙한 곳의 구석진 요새는 해석적인 장소가 되었으며 개울은 콘크리트 수로로 떨어진다. 너무 많은 절충은 희생을 초래한다.

도시 개발 계획에 말끔하게 손보지 않는 개방적 공간이 포함된다면 상황이 얼마나 더 좋아질까? 하지만 안타깝고 아이러니하게도 환경 보존이라는 명목으로 정반대되는 결과가 종종 발생한다. 도시의 가장자리가 무질서하게 뻗어나가는 것을 막기 위해 '신도시주의New Urbanism'는 도심의 빈 곳을 열정적으로 '채워 넣는' 방법을 선택했다. 지금까지 그런 것처럼 가장자리를 찔끔찔끔 확장하는 대신 도시 내의 개발 밀집도를 극대화하는 것이다. 공간 채우기는 도시의 경계를 유지해줄 수 있지만 빈터와 불모지를 사랑하는 사람들에게는 혐오를 일으킨다.

예를 들어 이것은 현재 오리건주 포틀랜드에서 격렬한 논쟁을 일으키고 있는 난제이기도 하다. 포틀랜드는 매우 푸르른 도시지만 법으로 정해진 도시 성장 경계선을 넘어서까지 개발을 밀어붙이고 있다. 그곳에서는 무례한 단어로 여겨지지만 사실 이 갈등은 인구과잉의 표현일 뿐이다. 그저 한 공간에 너무 많은 사람이 몰려와 살고 있다는 뜻이니까.

다만 포틀랜드의 한 가지 장점은 60킬로미터의 녹지 고리 조성이 포함되었던 원조 옴스테드 계획을 이어나가려는 환경보호 운동가들의 적극적인 노력이다. 그 녹지 고리는 완성되지 못했고 아직 많은 구멍이 존재하지만 도시 생태학자 마이크 후크가 이끄는 포틀랜드의 혁신가들이 서식지들의 교차점과 '생태통로corridor(야생 동식물의 서식지가 단절되거나 훼손 또는 파괴되는 것을 막기 위해 인공적으로 만든 구조물이나 생태 공간-옮긴이)'가 연결된 약 230킬로미터의 고리까지 확장했다. 만약 성공한다면 도심 공터 개발이 가져온 부정적인 결과에 대한 의미 있는 대응책이 될 것이다. 하지만 생태통로만으로는 모든 아이의 특별한 장소를 구할 수 없다. 근처에 사는 아이들에게만 효과가 있을 뿐이다. 아이들은 철새들과 달리 바로 이곳에, 발아래에 자연 서식지가 필요하다.

공터는 대체할 수 없는 자원이 아니니다. 2000년 10월에 세인트루이스에서 열린 자연지역협회 모임에서 예일대의 산림 사회학자 윌리엄 버치는 도시 문제에 내재한 기회를 주제로 프레젠테이션을 했다. 현재 디트로이트는 도심의 쇠퇴로 생겨난 약 3만 개의 공터로 골머리를 앓고 있다. 아니, 축복받았다고 해야 하나? 버치는 "우리는 디트로이트 도심에 국유림을 조성하고 있다"라고 농담을 던졌다. 도시 옹호자들은 저 수치를 매우 부정적으로 여기겠지만 나는 흥미롭다고 생각한다. 도심은 가장 먼저 경험의 멸종으로 고통 받겠지만, 버려진 땅에서 보물을 발견하는 첫 번째 주자도 될 수 있다.

건물이 들어서고 길이 포장된 서식지라도 복원이 가능하고, 다수의 도시 유기체가 복원된 장소에 재군집화 혹은 재유입될 수 있으므로, 경험의 멸종은 영원하지 않다. 닳거나 끊어진 것을 다시 이을 수 있다. 아이들 자체도 매우 적응력이 강한 유기체라는 것을 기억해야 한다. 아이들에게 세탁기 포장 상자는 오두막이 되고 덤불은 정글이 된다. 아이들은 두더지가 파놓은 작은 흙 두둑으로 산을 만들고 프레리도그가 판치는 버려진 밭을 길 없는 풀밭으로 만드는 달인이다. 하지만 아이들은 놀라움, 미스터리, 야생성 감정가이기도 하다. 지저분한 갈대숲이나 연못 딸린 풀밭 대신에 구조화된 운동장이나 공원을 연결하려는 계획은 실패할 것이다.

탁 트인 대지를 공원으로 '개선'하려는 충동을 억제할 필요도 있다. 아이들이 숲과 들판에 나갈 때 왜 등록과 지도, 계획, 프로그램이 반드시 따라다녀야 한단 말인가? 땅, 물, 상상력이 자연스럽고 즉흥적으로 연결될 수도 있는 일이다.

자기만의 개울과 공터를 기억하는 사람은 그 장소에 담긴 의미를 알아야 한다. 아이들의 에덴을 지켜주고 싶은 간절한 바람도 좋지만, 우리는 특권을 가진 아이들뿐만 아니라 세상 모든 아이에게 자연의 욕구가 있다는 사실도 기억해야 한다. 특별한 장소가 사라져가는 현실을 바로잡으려면 우선 문화 속에서 방치된 대지의 중요성을 인정해야만 한다.

세 번째 이야기

너무 달라진 비틀 록에서의 하루

국립공원을 대하는 우리의 자세에 대한 고찰

국립공원의 지킴이 겸 자연학자로 일하던 젊은 시절에 공원을 훼손하는 방문객들의 행동에 큰 충격을 받고《아메리칸 웨스트》지에 기고했던 글을 수정 보완한 것이다. 처음 글을 쓴 이후 오랜 세월이 흐른 지금, 국립공원에서 사람이 일으키는 문제는 개선되기도 하고 더 나빠지기도 했다. 찾는 사람은 늘어났지만 셔틀버스 운행이나 디지털 기기 같은 혁신 덕분에 더 좋아진 점도 분명 있으니까 말이다. 하지만 몇몇 사건들은 관리 감독이 제대로 되지 않을 때 얼마나 끔찍한 일들이 벌어질 수 있는지를 보여주기도 했다.

이 글에서 말한 아이디어 자체는 오래된 것이라서 방법론 자체는 순진해 보일 수 있다. 하지만 이런 식의 제도가 꼭 필요하고 유익하리라는 생각에는 변함이 없다.

위대한 자연사 작가 샐리 캐리가는 아름답고도 감성적인 책들을 통해 자신이 가장 사랑하는 장소와 그곳의 생물들에 관해 이야기한 바 있다. 그중에서도《비틀 록에서의 하루》는 월트 디즈니가 영화로도 각색해 인기를 끌었는데, 영화와 책 모두 캘리포니아주 세쿼이아 국립공원 '비틀 록'에 사는 생명체들의 삶과 행동을 잘 보여주고 있다.

젊은 시절, 나는 세쿼이아 국립공원에서 지킴이 겸 자연학자로 근무했다. 당시 아내 조앤과 함께 지낸 숙소는 비틀 록에서 약 800미터 정도 떨어져 있었는데, 나는 시에라의 찬란한 저녁노을과 산책에 매료되어 비틀 록을 자주 찾곤 했다. 다만 실제로 가본 그곳은 책과 영화를 보고 생긴 기대와 사뭇 달랐다.

세쿼이아 국립공원의 중심지 '자이언트 포레스트'는 차를 타고 국립공원을 여행하는 탐방객들을 위해, 주요 명소들 근처에 자리 잡은 마을이다. 이곳은 거대한 화강암 고원이다. 전형적인 시에라의 박리 돔에는 설탕색의 하얀 돌이 여기저기 튀어나와 있다. 요세미티의 하프 돔이 가장 크고 가장 유명하지만 모로 록도 매우 인상적인 지형이다. 그보다 작은 암석들은 자이언트 포레스트 고원의 다른 쪽 가장자리에 흩어져 있는데, 그중 하나가 바로 비틀 록이다. 비틀 록은 돌출 정도가 별로 심하지 않아 사실상 딱정벌레의 등껍질처럼 생긴 방패 모양이다. 그래서 이름도 비틀 록이다. 비틀 록은 자이언트 포레스트의 맨 서쪽 경계에 걸려있다. 샌 와킨 계곡에서 몇 백 미터 위쪽인데

다가 숲에서도 어느 정도 떨어져 있어서 파노라마처럼 탁 트인 전망을 자랑한다.

인기 많은 오후 자연 산책 프로그램을 막 끝냈을 때였다. 집에 도착해서야 조앤이 늦게까지 일하는 날이라는 게 기억났다. 마침 나도 저녁 프로그램이 없는 날이라, 유니폼을 편한 청바지로 갈아입었다. 비틀 록까지 산책하면서 파란색 날개깃이 인상적인 스텔러어치와 일몰을 카메라에 담기 위해서였다.

비틀 록에 가려면 널찍하고 깊은 골짜기를 건너야 했다. 반대편으로 올라가 희미해지는 자연 그대로의 풍경을 바라보며 상점들이 비좁게 쭉 늘어선 곳으로 들어섰다. 길은 적갈색 산장들이 잔뜩 모여있는 곳으로 이어졌고, 산장의 원형 극장을 지나 마침내 한 소나무 건물에 이르렀다. 커다란 댄스홀과 오락실, 극장으로 이루어진 건물은 국립공원 내 상업적 부대시설에서 일하는 직원들과 탐방객들을 위해 지어진 것으로, 비틀 록 바로 옆에 자리하고 있었다.

댄스홀에서 클래식 음악이 흘러나왔다. 비틀 록의 일몰을 보려는 탐방객들을 위해 부대시설에서 틀어주는 것이었다. 나 역시 이제 막 이글거리기 시작한 서쪽 해를 감상하려고 평평한 바위로 올라갔지만, 평온함은 오래 가지 않았다. 나밖에 없던 바위에 이내 수십 명의 탐방객이 몰린 때문이었다. 계곡 너머 옅은 갈색의 실안개가 강렬함을 더해주는 가운데 곧 다가올 장관을 기다리면서 조용히 앉아있는 사람도 많았지만, 그렇지 않은 사람도 많았다. 무엇보다 여기저기서 꺅꺅거리는 비명과 아이들의 정신없는 술래잡기가 나를 불안하게 했다. 어느 대가족은 일몰 장면은 안중에도 없이 서로 시끌벅적하게 떠드는 모습을 폴라로이드 카메라로 담아내느라 바빴다. 필름 암지는 그대로 버려졌다. 염분이 들어있는 암지는 밤에 자주 출몰하는 사슴의 관심을 끌어 해롭건만.

한 남자아이가 암석 비탈면 아래로 콜라 캔을 던졌다. 댕그랑 소리와 함께 캔이 반짝거렸다. 바위 턱이나 구석마다 유리와 종이, 금속 따위의 쓰레기가 버려지지 않은 곳이 없었다. 내가 아이의 부주의한 행동을 야단치는데도, 아이 아빠는 멍한 얼굴로 쳐다볼 뿐 콜라 캔을 도로 줍는 시늉조차 하지 않았다.

소란한 인파에서 벗어나기 위해 뒤덮인 북쪽 바위 턱으로 갔다. 하늘색 어치들을 보고 감탄하면서 카메라와 렌즈를 꺼냈다. 극장에서 진행하는 저녁 프로그램의 주제가 '시에라의 새들'이라서 멋진 새 사진을 많이 찍어두고 싶었다. 하지만 목줄을 하지 않은 개들이 바위에서 위협적으로 껑충껑충 달리자, 어치는 저 멀리 높은 소나무로 날아가 버렸다. 나는 겸연쩍어하는 개 주인들에게 다시 경고할 수밖에 없었다.

이제 그만 초과근무를 끝내고 일몰을 즐기려는데 또 다른 정겨운 모습의 부자가 저 아래에서 올라와 내 앞에 섰다. 그들의 손에는 (비틀 록에 그렇게 많이 자라지도 않는) 야생화가 잔뜩 들려있었다. 나는 점점 자취를 감추는 슈거 파인 솔방울을 한 아름 들고 가는 사람들에게 여름 내내 하루도 빠지지 않고 외쳤던 것처럼, 그들에게도 자연물을 보호해야 한다고 다시금 설명했다. 남자가 되물었다. "아니, 꽃을 꺾으면 안 된단 말이에요?"

시끄러운 말소리와 햇빛에 반사되는 깨진 음료수병, 비틀 록의 석영 크리스털보다도 반짝거리는 캔 뚜껑에 에워싸인 채, 진홍색 연기로 얼룩진 태양이 오렌지색 하늘로 녹아드는 것을 바라보았다. 사람들이 떠나고 마침내 조용해졌다. 좀 더 남아 별을 구경할까 했지만 역시나 똑같은 상황이 펼쳐질 것 같았다. 아니나 다를까, 뒤쪽의 댄스홀에서 시끄러운 음악이 울려 퍼지기 시작했다.

도대체 비틀 록에 무슨 일이 있었기에 샐리 캐리가의 시대와 딴판이 되어버린 것일까? 관리청은 예산 내에서 제복 입은 지킴이들을 공원에 배치한다. 하지만 위반 사항이 일어나는 현장마다 지킴이들이 옆에 있기란 불가능하다. 사람들이 국립공원을 찾기 시작한 이래로 쭉 있어온 일이고, 지난 100년 동안 탐방객들에 의해 대리석 동굴 여러 개가 파괴된 것이 그 증거다. 처음부터 자연 침해는 국립공원 탐방객들의 커다란 부분을 차지해왔다. 오늘날 늘어난 탐방객의 숫자가 그런 층에 집중되어 더욱더 그게 다가오는 것뿐이다. 하지만 문제의 원인을 늘어난 탐방객 숫자로만 돌릴 수는 없다. 내 경험상 그들의 불법 행동은 불법적인 의도로 저질러진 것이 아닌 경우가 대부분이다. 그들 대부분은 자신이 어긴 규제나 그런 규제가 만들어진 목적을 알지 못했다.

내가 가장 자주 듣는 말은 이렇다. 품에 한 아름 안고 있던 커다란 슈거 파인 솔방울을 내려놓아야만 했던 가족은 "이걸 집으로 가져가면 안 된다고요? 동네에선 구할 수 없는 거라 기념품으로 좋을 것 같은데."라고 말한다. 가족 탐방객의 다 큰 자녀 둘이서 세쿼이아 나무의 뿌리 너울(나무의 뿌리가 위쪽으로 웃자라서 자연적인 지지대를 형성하는 것-옮긴이)로 올라가 칼을 휘두르는 것을 보고 나무에 이름을 새기는 것인지 묻자 "아뇨, 근데 새기려고요. 재밌을 것 같아요."라고 한다. 부끄러운 줄도 모르고 고사리를 꺾던 여자는 "조금은 괜찮죠?"라는 말로 공원 지킴이 4명을 아연실색하게 만든다.

기물 파손, 자연물의 제거, 야생동물 먹이 주기와 죽이기, 괴롭힘을 비롯한 수많은 불법 행위로 국립공원은 심각한 위험에 처했고, 이러한 행동의 원인은(적어도 변명은) 주로 무지다. 그렇다면 탐방객들에게 국립공원의 목적과 정책을 숙지시켜주는 근본적인 혁신이 필요하지 않겠는가?

상황의 심각성을 즉각 완화해주는 간단한 방법들이 많이 있다. 첫째, 국립공원의 보호 정책과 모순되는 일들이 전부 없어져야 한다. 가령, 파괴 행위가 더는 계속되지 않도록 이름이 새겨진 나무와 암석들을 복구한다. 국립공원과 편의시설 직원들의 모범적이지만은 않은 행동도 같은 이유로 규제되어야만 한다. 국립공원의 외관을 훼손하는 시설의 운영을 금지한다. 그리고 위선이 명백하게 드러나는 교육 자료를 파악하여 없애야 한다. 예를 들어 대부분 국립공원과 마찬가지로 세쿼이아 국립공원은 매일 밤 지킴이 겸 자연학자들과 직원들이 숙소 손님들을 대상으로 프로그램을 운영한다. 세쿼이아에서 자주 상영하는 영화는 역시나 디즈니가 각색한 비틀 록 소재의 작품이다. 그 작품은 약간 정형화되었기는 하지만 전반적으로 '유쾌한' 동물들의 모험을 그린다. 하지만 국립공원의 규제를 노골적으로 위반하는 장면이 최소 다섯 번은 나온다. 소풍을 나왔다가 비틀 록에 사는 여러 동물을 만난 가족이 새끼 사슴에게 먹이를 주며 만지고, 관목의 이파리를 꺾고, 새에게 뭔가를 던지고, 쓰레기를 어지른다. 이 모두가 명백한 규제 위반이다. 이런 행동을 질책 받는 모습은 전혀 등장하지 않는다. 유명한 환경 보호가 월트 디즈니마저도 이처럼 신경 쓰지 않는데, 공원 관계자들이 어떻게 탐방객들에게서 법칙을 준수하는 모습을 기대할 수 있겠는가?

제대로 된 홍보의 부재 또한 바로잡아야 할 부분이다. 탐방객들에게 규제를 설명하고 '과도한 부담'을 안겨주어야 할 국립공원 관리청은 너무도 오랫동안 과묵함을 지켜왔다. 구체적인 예를 들어보겠다. 국립공원에 들어온 모든 차량에 공원의 목적과 법칙이 짧게 설명된 팸플릿을 나눠주지만 내용을 반드시 읽게 만들려는 노력은 이루어지지 않는다. 정작 공원 안으로 들어가도 규칙이 명시된 경우를 보기 힘들다. 고속도로와 초원을 따라 "들어가지 마시오"와 "야생동물에게 먹이를 주지 마시오" 같은 팻말이 아주 가끔 보이는 정도다. 반면 스위스와 이탈리아의 국립공원에는 여러 경유지마다 크고 멋진 표지판을 볼 수 있다. 여러 언어로 되어있을 뿐만 아니라 하면 안 되는 행동을 정확히 그림으로 보여준다.

세 번째로 부족한 부분은 규제의 집행이다. 위반 행위를 했을 때 벌금이 부과되기는커녕 진지한 꾸짖음이 행해지는 경우조차 거의 보지 못했다. 위반 행위를 저지르는 게 걸렸을 경우에는 형식상 집행담당관의 사무실을 방문했다가 벌금 없이 그냥 풀려난다. 규제가 의미 있어지려면 규칙적으로, 일관성 있게, 좀 더 엄격하게 시행되어야 한다.

하지만 이런 제안들은 탐방객들의 자연 학대 증상을 고치는 처방일 뿐, 근본적인 원인인 무지를 고쳐주지는 않는다. 법을 알지 못했다는 것이 법정에서 유효한 알리바이로 인정되지 않는데도, 국립공원에서는 인정될 때가 많다. 국립공원을 사람들로부터, 그리고 사람들을 위해 보호하려면 그들의 근본적인 무지를 없애야 한다. 이에 내가 제안하고 싶은 것은 국립공원의 기본적인 목적과 규제에 관한 지식을 인지하고 있다는 증서를 보유하지 않으면, 국립공원 관리청이 운영하는 지역에 입장을 불허하는 것이다.

다음의 비유를 생각해보자. 도로는 공공의 소유이고 정부 산하의 여러 공공기관이 관리한다. 누구나 이용할 수 있다. 하지만 법적으로 도로에서 자동차를 사용하기 위해서는 타인을 위험에 빠뜨리지 않을 능력이 있음을 먼저 증명해야 한다. 이 절차가 개인의 법적 권리를 제한한다고 주장할 사람은 없을 것이다. 운전에는 정말로 제약이 따르지만 대중이나 법정은 운전을 권리보다 특권으로 인식한다. 공공의 선이 개인의 편의와 균형을 이루어야 한다는 것이 이 생각의 토대를 이룬다. 도로 규제가 국립공원 규제처럼 무신경하게 여겨진다면 도로가 어떻게 되겠는가.

국립공원의 사용 역시 권리가 아니라 특권이다. 일부 민주주의 국가에서는(미국을 포함해) 국립공원 내의 특정 생태보호구역 접근이 일부 과학자와 관리자를 제외하고는 합법적으로 금지된다. 공유지인 군사보호구역도 다른 이유에서 대중의 입장이 불가능하다. 역시나 전체를 위한 선이라는 원칙에 따라 개인의 자유를 제한하는 것이다. 이것은 민주주의의 목적이다. 같은 맥락에서 국립공원 탐방객에게 허가증을 부여하는 것은 독재적인 시행이 아니라 민주적인 강행법규다.

이 아이디어를 좀 더 자세히 설명하자면, 시험을 볼 만한 나이이거나 그럴 능력이 있는 사람은 '파크 패스'라는 허가증 없이 공원에 입장할 수 없게 하자는 것이다. 파크 패스를 발급받았다는 것은 소지자가 국립공원과 국립 기념물, 국립 휴양 시설, 국립 유적지 같은 국립공원 관리청NPS 지역에서 제대로 처신하는 방법에 대한 지식을 가지고 있음을 뜻한다. 운전면허증이 운전자가 도로에서 안전 주행할 능력이 있음을 증명하듯이 말이다. 이런 제도가 도입된다면 직접적으로 두 가지 커다란 이점이 있을 것으로 예상된다.

첫째, 사실상 모든 국립공원 탐방객이 공원의 규제와 적절한 처신 방법에 의무적으로 노출된다. 어떤 상황에서 어떻게 행동해야 하는지 사람들이 확실히 알게 되므로 제도가 시행되는 순간부터 규제 위반 숫자가 크게 줄어들 것이다. 둘째, 허가증 소유자는 규제를 위반했을 때 무지를 내세워 호소할 수 없다. 따라서 위반 행위가 실제로 엄중한 잘못인 만큼 발각되면 그에 따라 처벌할 수 있다.

물론 이 제도가 시행되려면 절차가 필요하다. 하지만 절대로 불가능한 계획이 아니며 노력과 비용보다 효과가 훨씬 크리라고 확신한다. 파크 패스 제도를 도입하고 시행하는 과정을 그려보자면 다음과 같다.

1. 간단한 시험을 통과해야만 파크 패스가 발급된다.
2. 시험은 국립공원 관리청과 기타 산하기관에서 온라인 및 오프라인으로 주관할 수 있다. 시험 서식은 여러 행정 서식과 마찬가지로 배포한다.
3. 발급된 파크 패스를 너무 자주 재발급할 필요는 없지만, 도로 안전 수칙과 마찬가지로 지속적인 교육 및 홍보가 필요하다.
4. 파크 패스 발급 비용은 있을 수도 있고 없을 수도 있다. 약간의 수수료만으로도 제도를 지속시킬 수 있으리라 본다.
5. 국립공원 이용료나 할인 요금, 연간 갱신 혹은 평생 이용권 등에 관한 차후의 논의 내용을 파크 패스에도 적용할 수 있다.
6. 이 제도의 도입에 비용이 얼마가 들어도 현재 공원 지킴

이와 탐방객 모두가 치러야 하는 비용을 초과하지 않는다. 돈뿐만 아니라 애도의 비용도 있다.

7. 파크 패스 시험 문항은 객관식 시험이 적당하다. 실용성뿐만 아니라 언어 능력에 제한이 있는 사람들이 받을 수 있는 차별을 막기 위함이다. 다음은 예시 문항이다.

파크 패스 시험 예시

본 파크 패스 시험은 국립공원의 존재 목적과 규제 사항 그리고 그 이유를 아는 것을 목표로 합니다. 각 문항에서 옳다고 생각되는 알파벳에 표시하세요.

1. 국립공원은:
   a. 일반 공원과 똑같다.
   b. 숙박, 채굴, 방목을 포함한 여러 가지 용도로 운영된다.
   c. 자연을 최대한 보호해야 하는 장소로써 지정된 장소 외에는 들어가면 안 된다.
   d. 기본적으로 여가 활동을 위한 장소로써 별다른 제약 없이 야외에서 하고 싶은 대로 즐길 수 있다.
   e. 과학적 용도를 위한 곳이며, 모든 여가 활동이 금지된다.

2. 국립공원의 기념물은:

a. 그 어떤 사물이나 생명체도 기념품 등의 용도로 허락 없이 가져갈 수 없다.

b. 꽃, 열매, 버섯은 안 되지만 나무 방울이나 돌은 가져가도 된다.

c. 취미나 기념품 용도로 광물, 나비, 야생화 등 뭐든지 가져갈 수 있다.

d. 필요한 것만 가져가야 한다.

e. 과학적 용도로 사용할 때만 허락 없이 가져갈 수 있다.

3. 국립공원 관리청 소유 구역의 동물들은:

a. 조심하면 먹이를 줘도 된다.

b. 거칠지 않게 만져도 되지만 먹이를 주는 것은 안 된다.

c. 뱀이나 거미, 민달팽이 등 혐오스러운 동물은 죽여도 된다.

d. 낚시가 허용되는 곳의 물고기, 무는 벌레, 실제로 공격하는 위험한 종을 제외하고 모든 동물은 전적으로 보호된다.

e. 정부에서 수익성 목적으로 관리 및 규제하는 대상이다.

4. 오토바이, 지프차, ATV, 산악자전거는:

a. 막힘없이 어디에서나 이용할 수 있다.

b. 일반 도로와 등산로에서만 사용할 수 있다.

c. 지정된 도로에서만 사용할 수 있다.

d. 사용자가 원하는 대로 마음껏 장비를 갖추어 탈 수 있다.
e. 모래 언덕, 해변, 습지 같은 불모지에서는 사용할 수 있다.

5. 모든 종류의 쓰레기는:
a. 오지에 묻어야 한다.
b. 눈에 잘 띄지 않는 곳에 버려야 한다.
c. 아무 데나 버려도 된다; 방문객들의 편의를 위해 쓰레기를 줍는 것이 월급 받는 지킴이들의 일이다.
d. 쓰레기통이나 재활용함이 보이면 버리거나 집에 가져가서 버린다.
e. 반드시 집으로 가져가야 한다.

6. 국립공원 야영장을 이용할 때는:
a. 전적으로 개인의 마음대로 해도 된다.
b. 야영장 안이나 밖에서 지나치게 소란스럽게 행동하면 안 된다.
c. 야영장이나 사람들이 모이는 곳에서는 도시에서처럼 자유롭게 행동해도 되지만 야생의 등산로에서는 아니다.
d. 일반 공원이나 놀이터처럼 행동에 아무런 제약이 없다.
e. 여가를 위한 장소이므로 다소 소란스러워도 된다.

7. 국립공원에서 글자를 새기거나 그림을 그리거나 나무와 관목을 자르는 일은:

a. 모두 전적으로 허용된다.

b. 저마다 다르다.

c. 눈살을 찌푸리게 하는 행동이지만 처벌할 수 있는 위반 행위는 아니다.

d. 모두 제약할 수 없는 시민의 기본적인 권리다.

e. 모두 불법 행위로 처벌받을 수 있다.

8. 애완동물과 어린아이들은:

a. 제약이 따른다; 애완동물은 목줄을 착용한 뒤 지정된 장소만 동행하고, 어린아이는 부모가 통제해야 한다.

b. 무조건 출입 금지다.

c. 자유롭게 뛰어다닐 수 있다.

d. 야생동물을 해치지 않는 한 아무런 제약이 따르지 않는다.

e. 야영장에서만 마음대로 돌아다닐 수 있다.

예시로 소개한 이 문항들은 방문객들에게 전달되어야 할 정보를 대부분 담고 있다는 점에서 좋은 토대가 된다. 우선 시험과 평가에 관한 연구 결과를 활용하여 시험의 목표와 목적을 확립한 다음, 목적을 충족해주는 시험을 마련해야 할 것이다. 응시 자격에 해당하지 않는 사람들은 임시허가증을 발급해 파크패스를 소지한 사람과 동반하여 국립공원에 방문할 수 있도록 한다. 이렇게 하면 단기 방문 외국인과 문맹자, 발달 장애인, 어린이의 경우를 대비할 수 있다.

여담이지만, 처음 이 글을 처음 썼던 때가 벌써 십 몇 년 전의 일이다. 아직도 나는 이런 시험의 필요성을 주장하고 있지만, 다행히 국립공원에 대한 사람들의 의식 수준이 높아진 것도 사실이다. 몇 해 전 지킴이 모임을 위해 세쿼이아 국립공원을 다시 찾았을 때, 자이언트 포레스트에서 예전과 달라진 인간의 발자취를 실감할 수 있었다. 지킴이들의 숙소와 탐방객용 산장의 다수를 포함해 거의 모든 주택과 댄스홀, 주차장 등이 철거되었고, 등산로도 새롭게 설계되었다. 결과적으로 인간의 침범은 줄어들었다. 탐방객들이 이용 가능한 숙소가 보다 멀어졌고 비용 역시 비싸진 건 사실이다. 하지만 샐리 캐리가가 지금의 비틀 록을 본다면 자신이 1944년에 보았던 모습에 더욱 가까워졌다고 생각할 것이다.

"왜 내가 이곳을
사랑한다는 것으로
충분하지 않은 거지?
정확한 이름이나
무서운 과학 용어까지는
알고 싶지 않은데."

"무지에서 비롯된 경멸을
정당화해서는 안 되기 때문이지.
그게 어떤 것이든."

_존 파울스의 소설 중에서

네 번째 이야기

세쿼이아
나무와
말하는
잎사귀

말할 수 없는
것들을
대변하는

세상
모든
작가들에게

미국 세쿼이아 국립공원에는 세계에서 가장 큰 나무인 자이언트 세쿼이아가 서식한다. 그리고 이 나무의 이름은 인디언 부족의 추장 이름 '세쿼야'에서 유래됐다. 이런 식으로, 처음 발견된 생명체가 자신만의 이름을 얻을 때는 어떤 이야기가 담겨있는지 또는 누가 관련되어 있는지에 영향을 받는다. 그래서 생물학에서는 학명을 부여하는 분류학자를 '작가'라고 표현하기도 한다.

나는 자연을 연구하는 학자지만 동시에 자연에 대한 글을 쓰는 작가이기도 하다. 이 에세이는 작가 콘퍼런스 강연을 위해 쓴 글인데, 이름, 단어, 책으로 이어지는 일련의 과정에 대해 되짚어 봤다. 이를 통해 글을 쓴다는 것 그리고 자연에 대해 이야기하는 작가의 존재 의의에 대해 말하고자 한다.

북미 원주민들이 유럽 탐험가들을 처음 보고 놀라서 혼비백산한 이유는 생전 처음 보는 것들이 너무 많아서였다. 천둥소리와 함께 피를 보게 하는 반들반들 잘 깎은 막대기. 빛나는 구슬과 알 수 없는 소재로 만든 담요. 나무는 물론 살점까지 단번에 찢어발기는 금속. 무엇보다 원주민들이 가장 이해할 수 없었던 것은 겉에 무슨 표시가 되어있는, 말하는 하얀 잎사귀들이었다. 침입자들은 잎사귀에 오밀조밀 새겨진 것을 보면서 그대로 읊었다. 그래서 꼭 잎사귀가 말하는 것처럼 보였다. 전할 말, 규칙, 증서, 약속 같은 것들이 전부 돌돌 말거나 접을 수 있는 커다란 한 장의 잎사귀에 담겨 전달되었다. 그뿐이 아니었다. 잎사귀를 한 움큼 묶어놓은 '책'이라는 것에는 학문 세계가 통째로 들어있었다. 말하는 잎사귀가 가진 힘은 실로 엄청나 보였다. 어떤 표시가 들어있느냐에 따라 화합, 전쟁, 선행, 몰수, 구원, 추방, 죽음을 뜻했고, 인간들이 두 팔을 높이 쳐들고 신에게 고하게 만들기도 했다. 말하는 잎사귀가 가진 힘에 궁금증을 품은 체로키족 원주민은 청년 세쿼야Sequoyah 뿐만이 아니었다. 하지만 궁금증을 풀기 위해 행동으로까지 옮긴 사람은 그가 유일했다.

나는 1969년에 캘리포니아 시에라네바다산맥에 들어선 세쿼이아 국립공원의 지킴이 겸 동식물 학자로 근무했다. 미국에서 두 번째로 오래된 국립공원인 그곳은 세계에서 가장 큰 나무 '자이언트 세쿼이아'의 보호 지역이기도 하다.

세쿼이아 국립공원에 산책과 캠프파이어 프로그램을 진행

하러 갔을 때만 해도, 나는 세쿼이아가 어디에서 유래된 이름인지 전혀 알지 못했다. 막연히 캘리포니아 원주민 부족과 관련 있겠거니 짐작할 뿐이었다. 지금 생각해보면 그날 저녁 프로그램과 설명을 곁들인 전시회에서조차, 나무 이름의 유래가 된 인디언 부족 '세쿼야'의 이야기를 심도 있게 다룬 것이 하나도 없었다는 사실은 너무 뜻밖이다. 하지만 당시에는 그다지 놀라운 일이 아니었다. 어쨌거나 세쿼야의 이야기는 혁명이라고까지 할 수 있는 과격한 행동이었으니까. 그리고 1969년 여름은 요세미티 메도우즈 폭동 사건이 있던 해였다. 말을 탄 수백 명의 국립공원 지킴이들이 경찰봉을 들고 돌진해 히피들의 머리를 깨부수었다. 그보다 한 해 전에 열린 민주당 전국 전당 대회에서 시카고 경찰이 했던 것과 똑같이 말이다.

세쿼야는 200년 전에 테네시에서 태어났고 나중에 '눈물의 길(1800년대 초반에 체로키족을 비롯한 원주민 부족들이 미국 정부의 강압으로 거주지를 옮겨야 했을 때 지났던 이동 경로를 가리킨다-옮긴이)'을 지나 아칸소주로 터전을 옮긴 인물이다.

그는 말하는 요상한 잎사귀가 백인들에게 쥐어준 힘을 알아챘다. 말하는 잎사귀에 대한 원주민들의 의견은 두 갈래로 나뉘었다. 어떤 이들은 신이 그들의 존재를 부정하고 유럽인들에게만 나눠준 수많은 선물 가운데 하나이므로, 유럽인들의 우월함을 말해주는 암울한 증거라고 했다. 그런가 하면 글자는 신과 아무런 관계가 없으며 침입자들이 직접 만들어낸 거라는 주장도 있었다. 세쿼야는 후자 쪽이었다. 그는 자신도 충분히 손에 넣을 수 있는 도구라는 생각으로 연구에 매진해 답을 찾아냈다. 직접적인 음절 표기법을 만든 것이다. 그의 음절 문자 덕분에 원주민들은 놀라울 만큼 단시간에 글을 읽고 쓸 수 있었고 삶이 바뀌었다.

"말하는 잎사귀"라는 의미심장한 표현은 크레이그 레슬리가 북미 원주민들이 직접 쓴 단편을 모아서 펴낸 훌륭한 문집의 제목이 되었다. 그 책을 읽어보면 세쿼야가 밝혀낸 말하는 잎사귀의 비밀이 원주민들의 손에 확실히 들어갔음을 알 수 있다.

물론 글자의 기술적 지식은 잎사귀가 제대로 말하도록 하는 첫걸음에 불과하다. 만약 문학이 어떤 언어로든 글자를 쓸 줄만 알면 되는 것이라면, 문학 작품이나 전화번호부나 별반 차이가 없을 것이다. 실제로 이것은 글쓰기와 다른 예술의 흥미로운 차이점이다. 대부분 문화권의 구성원들은 문학의 원재료를 가지고 있다. 기본적인 문해 능력은 기본 연산이나 시계 보기처럼 일상에 필요한 생존 기술로 당연시되기 때문이다. 글을 줄줄 써내려가는 능력은 누구나 가지고 있다는 뜻이다. 하지만 예술에서는 아무리 다작을 내놓아도 개인적인 요소가 빠지면 별 의미가 없다. 가슴, 영혼, 재능, 정신 등 다양한 이름으로 불리는 그것 말이다. 누구나 글을 쓸 수 있지만 진정으로 쓰는 사람은 소수에 불과하다.

그러므로 잎사귀가 말하게 만드는 것이 관건이다. 나는 학생들에게 땅의 대필자가 되어야 한다는 말을 자주 한다. 땅의 입을 열어 땅이 하는 말을 제대로 들으려 애쓰면서 받아쓰라고 말이다. 학생들은 묻는다. "제대로 받아썼는지는 어떻게 알 수 있나요?" 나는 답한다. "저절로 알 수 있지." 제대로만 받아 적는다면 어디 잎사귀가 말만 하랴. 분명 노래도 한다.

하지만 땅의 말을 제대로 받아썼는가는 사람마다 다를 것이다. 말, 그러니까 단어는 무언가를 지칭하는 이름인 만큼 상대적이기 때문이다. 비의 이름은 한순간 세차게 쏟아지는 '장대비'였다가도 땅에 닿기 전에 증발해버리는 '꼬리구름'으로 변한다. 비의 실체와 의미가 순식간에 바뀐다. 이름뿐만 아니라 모든 단어가 그렇다.

동식물의 이름을 정할 때도 마찬가지다. 새롭게 발견된 동식물 종에는 보통 처음 발견한 사람-혹은 그들이 후원하거나 칭송하거나 기념하거나 잘 보이고 싶은 사람-의 이름이 붙어 과학적 영속성을 띠게 된다. 흥미롭게도 동물이나 식물에 학명을 부여하는 분류학자 역시 '저자'라고 불린다. 린네의 생물 분류 체계인 이명법에 맞춰 속과 종을 부여하는 것이 마치 유기체에 생명을 불어넣는 것과 마찬가지로 느껴지는 호칭이다. 그리고 그에 걸맞게 실제로 많은 분류학자들은 자신들이 다루는 생명체에 진심으로 푹 빠져서 추정 작업을 수행하곤 한다.

하지만 보통 사람과 마찬가지로 분류학자들에게도 돈에 매수되기 쉬운 면이라든가, 시기, 질투, 엉뚱함, 자만심이 있다. 이는 그들이 생물에 부여하는 이름에도 나타난다. 내가 꽤 잘 아는 나비들의 이름만 봐도 상상할 수 있는 동기가 전부 드러난다.

초기 인시류 연구자들은 고전주의 학식을 뽐내며 어떻게든 활용하고 싶어 안달이었다. 그래서 호랑나비과의 이름은 트로이 전쟁의 영웅들을 기념하고, 꼬마 표범나비속은 북유럽 여신들의 이름을 가지고 있으며, 좀 더 남쪽에 사는 사촌들은 키벨레, 아프로디테, 아스타르테, 히폴리타 같은 신화 속 인물들의 이름을 가지게 되었다.

하지만 관찰력 있는 나비 저자들은 유럽 문화에서만 이름을 가져오지 않았다. 예를 들어 미국의 팔랑나비 중에는 북미 원주민 이름이 많다. 그리고 그런 나비들은 대개 자기 이름의 주인들이 활보했던 바로 그 초원과 삼림 지대에 산다.

경제적 지원이 필요했던 19세기의 탐험가 겸 자연학자들은 자신이 발견한 생명체에 후원자의 이름을 붙이기도 했다. 그중에서도 로스차일드 경은 수많은 동식물에 이름을 빌려주었을 뿐만 아니라 자신이 직접 이름을 붙이기도 했다. 지구상에서 가장 큰 나비에게 알렉산드라 왕비의 이름을 따서 '알렉산드라비단제비나비'라는 이름을 붙인 것이다. 뉴기니에 사는 이 거대 나비의 날개는 30센티미터에 이르고 첫 암컷을 채집하는 데 엽총이 사용되었다. 에드워드 7세의 사랑 받는 왕비 알렉산드라는 그보다 앞선 1863년에 이미 불멸의 선물을 받은 터였다. 펜실베이니아의 영향력 있는 인시류 학자 W. H. 에드워즈가 그녀와 영국 왕세자와의 결혼을 기념해 '알렉산드라노랑나비'라는 이름을 붙였던 것이다.

에드워즈는 또 다른 멋진 노랑나비에게는 자신의 사위인 시어도어 미드를 본 뜬 이름을 붙였다. 그리고 에드워즈의 딸 이디스와 결혼하고 싶어 했던 진취적인 젊은이 시어도어 미드는 그녀의 아버지를 위해 전리품 나비를 가져오려고 역마차와 기차를 타고 떠났다. 그중에는 그 어떤 장식품보다도 예쁜 주홍부전나비도 있었는데, 그는 여기에 이디스의 이름을 붙였고, 결국 그녀는 이디스 미드가 되었다.

이름에 종교적인 의미가 함축된 사례도 있다. 뉴욕에 사는 한 친구는 통일교 신자였던 터라, 몇몇 새로운 종에 통일교를 본뜬 이름을 붙였다. 이렇게 붙인 이름은 평생 남으므로 지역의 다른 인시류 연구자들에게는 무척 유감스러운 일이다. 좀 더 근래에 그 친구는 내가 소설가 블라디미르 나보코프의 작품에 등장하는 나비에 관한 글을 모으는 것을 도와주었다. 나보코프가 나비에 관심 있었다는 사실은 잘 알려져 있지만 열정의 깊이라든가 주목할 만한 인시류 연구자였다는 사실을 아는 사람은 많지 않다. 이제 통일교를 떠난 이 친구는 이름 없는 나비들에게 진정 나보코프다운 이름을 붙여주려고 그의 작품들을 파헤치고 있다. 사랑스러운 라틴 아메리카 부전나비들은 그에 걸맞은 멋있고 적절한 이름을 가지게 될 것이다.

다시 글쓰기로 돌아와서, 나비의 이름과 훌륭한 글쓰기 능력이 무슨 상관이 있다는 걸까? 이건 우리가 벌레에 사용하는 단어, 아니 우리가 단어에 사용하는 벌레와 비슷하다. 벌레가 사전 속으로 어떻게 구불구불 기어들어 가는지 생각해보자. 우리는 나비를 부활의 상징으로 자주 활용한다. 딱 한 단계의 분리만으로 나비를 불멸성과 연결한다. 반대로 모든 구전 지식에서 벌레는 부패의 동인이다. "벌레가 기어들어 오고 벌레가 기어나간다……." 한 단어만으로 탄생에서 부패, 재탄생까지 존재에 관한 전체적인 범위의 의미를 전달한다. 의미를 분명하게 해주는 것은 맥락뿐이다. '벌레' 자체만으로는 아무런 의미도 전달하지 못한다.

그보다, 우리는 좀처럼 동의하지 못한다. 벌레의 세 가지 용법은 말하는 잎사귀의 교훈에 사람마다 자신의 짐 혹은 편견을 더한다는 사실을 알려준다. 적어도 잎사귀가 하는 말을 충분히 듣고 맥락을 파악하기 전까지는 그렇다.

첫째, 찰스 다윈을 생각해보자. 이 품격 있는 작가의 마지막 책에는《지렁이의 활동과 분변토의 형성》이라는 제목이 붙었다. 하찮은 지렁이의 활동과 관련해 환경의 진화를 설명하는 책이다. 평생 지렁이worm(지금 저자가 말하고 있는 벌레라는 뜻도 있다-옮긴이)를 관찰한 다윈은 지렁이의 근면함과 행동, 적응성에 감탄했다. 당연히 그는 '지렁이'라는 단어를 들었을 때 좋게 생각했다.

둘째, 시애틀과 포틀랜드 사이의 5번 고속도로에 설치된 우파 성향의 광고판을 들 수 있다. 이 광고판은 그 어떤 주제든 엄청나게 보수적인 특징을 띤다. 최초의 이라크 공격 때 이 광고판의 주인은 부엉이가 눈에 띄면 바그다드에 공습을 가해야 할지 물었고 사담 후세인을 벌레 같은 인간이라고 욕했다. 그가 후세인에게 할 수 있는 가장 나쁜 욕이었다. 이 두 저자 가운데 첫 번째 영국의 자연학자는 '벌레'라는 단어와 그 단어에 함축된 모든 의미를 숭배했다. 반면 두 번째 사례에 해당하는 워싱턴주의 축산업자는 그 단어를 매도했다. 벌레 말고도 박쥐, 나방, 귀뚜라미, 축구 같은 단어에도 완전히 대립적인 관점이 존재한다.

이제 벌레라는 단어의 세 번째 용법을 생각해보자. 바로 맥락에 따른 사용이다. 몇 해 전 월러스 스테그너는 시애틀에서 강연할 때 "독자의 마음에 경이로움이 벌레처럼 꿈틀거리게 하라"라는 말로 작가들의 과제를 요약했다. 이것은 벌레라는 이름을 긍정적으로 읽은 것일까, 부정적으로 읽은 것일까? "마음에서 움직이는 벌레"라는 표현은 뭔가 썩은 것을 연상시켜 비위가 상한다. 하지만 스테그너는 솜씨 좋게도 '벌레'와 '경이로움'을 함께 사용함으로써 감각을 비틀어 긍정적이고 심지어 황홀한 느낌마저 들게 한다. 무덤덤한 뇌를 비트는 경이로움보다 더 좋은 게 어디 있을까?

이렇듯 말하는 잎사귀의 비밀과 사물에 이름을 부여하려는 인간의 억누를 수 없는 충동에는 명백하고도 분명한 관계가 있다. 이름-단어-은 혼자일 때 개인의 역사와 편견, 공포증, 집착, 경험, 연상 혹은 변덕에 따라 누구에게든 무엇이든 전달할 수 있다. 하지만 단어는 다른 것들에 둘러싸여 맥락이라는 토양에 뿌리를 내리기 마련이다. 고정적이지도 않고 뉘앙스의 변화나 반투명한 층, 대안적 의미가 빠진 것도 아니지만 뿌리 없는 룬 문자 신세는 면한다. 단어는 혼자일 때 동물원 우리에 갇힌 동물이나 자연 서식지의 흔적이라고는 찾아볼 수 없는 화분의 화초처럼, 제 몸뚱이밖에는 아무것도 전하지 못한다. 하지만 단어를 이어붙이면-야생 그대로 혹은 새로운 조합으로- 하나의 생태계가 만들어진다. 상호작용이 불가피해진다. 단어들이 뭉치면 맥락뿐만 아니라 억양과 협동, 색깔, 음의 유사, 불협화음, 목표, 태도, 고도가 강요된다. 문장은 같은 과의 단어이고 문단은 단어가 거주하는 지역이다. 본문은 단어의 공동체이고 저자는-나비에 이름을 붙이는 저자들이나 도시를 설계하는 건축가들과 다르지 않다- 책이라는 서식지 안에서 살아가는 생명체들의 조직을 책임진다.

그렇다면 결국 단어를 제대로 사용하는 것은 책임감의 문제가 된다. 식물학자는 식물 표본집이라는, 말하는 잎사귀에 달린 말 없는 잎사귀를 제대로 대변하고 말로 옮기는 자료에 책임을 진다. 따라서 작가는 말할 수 없는 것들을 대변하는 역할이다. 의무에 태만하면 자료가 잘못될 위험이 있다. 그렇게 되면 잎사귀는 거짓말을 하고……독자는 언제고 분명히 알아차린다. 말하는 잎사귀의 비밀은 구텐베르크에 있는 것도, 세쿼야에 있는 것도 아니다. 페이지에 담긴 표시만으로는 우리가 언어라고 부르는 것을 만들 수 없다. 그것은 수단이 되어줄 뿐, 그다음은 우리가 스스로 알아서 해야 한다.

오리건주에 사는 작가 친구들의 두 가지 인용문을 가져와 어떻게 어우러지는지 살펴보면, 작가들이 나아갈 방향을 좀 더 이해하기 쉬울 것이다. 킴 스태퍼드는 자신의 책《모든 것을 올바르게》의 서론에서 북미 원주민 콰키우틀족 언어에 담긴 특징에 대해 언급한다. 콰키우틀족은 만의 이름을 "충분하지 않은 카누"라고 짓는 식으로, 장소 이름을 지을 때 묘사적인 표현을 가져가려는 습성이 있다. 이에 반해 '법원'이나 '밴쿠버' 같은 백인들의 장소 이름은 얼마나 단조로운가. 킴 스태퍼드는 "모든 것이 올바른 상태"를 뜻하는 콰키우틀족의 'hēladē'라는 용어에 대해 이렇게 말한다. "그것은 휴대용 이름이 될 수도 있고……우리가 지구라고 부르는 것이 될 수도 있다. 하지만 귀 기울이기와 기억하기, 말하기, 서식지와의 뿌리 깊은 동지애 쌓기 같은 유익한 것들을 습관에서 걸러내기 전까지는 그런 상태에 도달할 수 없다."

두 번째는 작가 배리 로페즈가 한 연설에 나오는 표현인데 내 가슴 속에 깊이 새겨졌다. 그는 작가를 "독자를 섬기는 공동체"라고 불렀다. 만약 작가들이 자신의 서식지에서 뿌리 깊은 동지애를 찾는다면, 그래서 그들이 사용하는 단어와 이름이 콰키우틀족의 특별한 느낌과 스태퍼드의 재치와 인간성을 지닌다면, 만약 독자들이 로페즈 같은 작가들의 섬김을 알아보고 넘치는 관심으로 응답해준다면, 마침내 모든 것이 올바른 상태에 이를지도 모른다. 적어도 세상을 정확하게 기록하고 누군가 그런 노력을 알아주는 것처럼 작가들에게 중요한 것들은 대부분 그 상태에 이를 것이다.

킴 스태퍼드는 “서식지와의 뿌리 깊은 동지애”를 키우라는 말을 통해 시간과 관심을 들여 주변 세상을 직접 경험해보라고 말한다. 글이 얄팍하고 지루하게 느껴진다면 흙과 공기, 자연의 이웃들을 마주 보는 시간과 멀어진 때문일 것이다. 우리는 자연을 인식하는 방법을 잊어버렸다. 자연과 상호작용하고 솔직하고 생생하게 그들의 이야기를 전하는 방법도 잊어버렸다. 주변 세상과의 관계에 비추어 나를 보게 해주는 단서들도 사라졌다. 그러면 한 개인으로서 솔직하게 글을 쓸 수 없다. 개인적이고 솔직하지 않은 글은 전화번호부에나 어울린다.

그러니 직접적으로 살아라. 지식과 감각, 반응, 경험을 사물의 표면에서 한껏 끌어오고 더욱 깊이 들어가라. 머릿속을 벗어나 감각이 주는 만족을 매일 느껴보라. 기회가 있을 때마다 하나도 빠뜨리지 않고 모든 감각을 사용하라. 독자를 섬길 때는 직접 독자가 되어라. 넓게, 풍부하게, 다양하게, 까다롭게, 비판적으로, 가벼운 마음으로, 넓은 도량으로, 핑계 없이, 기대를 뛰어넘어 많이 읽어라. 잎사귀를 말하게 만들어야 할 때가 오거든 주의 깊게 관찰하고 개인적으로 겪은 경험으로 그렇게 하라. 최대한 자세한 이야기를 담아.

눈부신 화면을 뚫고 다른 인간과 이어졌다는 사실을, 말하는 잎사귀가 희미하게 빛나고 바람에 사각거리도록 단어를 제대로 담아냈다는 사실을 증명해주는 것이면 된다. 정보의 교착 상태가 내는 불협화음을 뚫고 잎사귀의 희미한 속삭임이 자신뿐만 아니라 누군가를 위하여 울려 퍼지면, 그때 작가는 글을 쓰는 이유를 알 수 있다. 글자를 읽고 쓸 줄 아는 존재들이 세상을 살아가고 무분별하고 무작위적인 읽기 행동을 하는 한, 글은 (그것의 모든 의미도) 절대로 죽지 않으리라는 것도.

제국주의가 저지른 수많은 집단 학살이 피해자가 언어조차 보유하지 않은 야만인들이라는 근거로 정당화되었다는 사실을 기억해야 한다. 물론 그들에게는 언어가 있었다. 미묘함과 표현의 범위는 정복자들의 것을 뛰어넘었다. 하지만 문자가 없었기에 열등한 지적 존재로 치부되고 말았다. 말하는 잎사귀의 비밀을 깨우치지 못했던 그들에게는 폭력적인 변화를 물리쳐줄 펜의 위력이 없었다. 문자가 있더라도 쉽지는 않았을 것이다. "전적으로 위대한 사람의 지배 하에서는 펜이 칼보다 강하다"라는 에드워드 불워 리턴의 말에서 보듯, 펜의 위력에는 굉장히 강력한 전제가 따르니까 말이다. 그래도 세쿼야는 말하는 잎사귀의 힘과 문서가 백인들에게 주는 이득을 알아보았다. 자신들도 충분히 손에 넣을 수 있다고 생각했다.

그는 펜의 힘을 찾고자 일부러 숲속으로 들어가 문제를 숙고했고, 12년 후 그것을 만들 수 있는 수단을 들고 숲에서 나왔다. 개인이 처음으로 전체를 완성한 유일한 음절 문자였다. 체로키족은 빠르게 문해력을 갖춘 덕분에 오클라호마로 강제이주한 뒤 일종의 자치정부인 체로키 네이션을 세울 수 있었다.

세쿼야는 워싱턴에서 열린 조약 회담에 참석했을 때 문자를 왜 만들었느냐는 질문을 받았다. 현대식으로 기록한 세쿼야의 대답은 이렇다.

> 세쿼야는 인간이 세상에 관하여 많은 것을 발견하고 알게 되지만 어떻게든 보전하려는 방법을 찾으려다가 지식이 달아나거나 사라진다는 사실을 알아차렸다. 그리고 그는 백인들이 종이에 뭔가를 쓰는 모습을 보았고 책도 보았다. 글로 적히는 것들은 계속 남으며 잊히지 않는다는 것도 알게 되었다. 그래서 그는 어떤 표시들을 소리로 고치려고 해보았다. 종이 위에 무언가를 빨리 만들 수 있으면 야생동물을 잡아 길들이는 것과 같으리라고 생각했다.

세쿼야가 맞았다. 글로 적히는 것은 잊히지 않는다. 글에는 힘이 있고 모든 것을 바꿀 수 있다. 또 그것은 우리가 가진 전부다.

다섯 번째 이야기

미네랄 킹의 미학

이
아름다운
계곡에

디즈니가
왔다면
어땠을까

1960년대 후반, 디즈니사는 천연의 아름다운 계곡으로 알려진 미국 캘리포니아의 미네랄 킹에 스키 리조트를 세우고자 했다. 당시 미네랄 킹을 그대로 보존하려는 여러 단체와 디즈니사의 공방이 이어졌다. 의회는 미네랄 킹을 세쿼이아 국립공원에 합병시키는 쪽에 손을 들었고, 오늘날까지 생태윤리와 환경법 등의 주요 사례로 회자되고 있다.

이 글은 미네랄 킹 개발 논란이 한창이던 시기, 세쿼이아 국립공원의 지킴이로 일하면서 미네랄 킹을 탐방하며 직접 보고 느낀 것들을 담은 것이다. 열정은 넘치지만 영향력은 전무했던, 젊은 시절의 생각과 감정이 그대로 드러나 있다.

국립공원 지킴이 겸 자연학자의 매일 업무는 훌륭한 휴가를 보내는 방법들로 이루어진다. 자연 산책 시간은 숲 깊숙이, 무성한 목초지를 가로질러 경이로운 대리석 동굴 아래로, 모로 록처럼 저 아래가 내려다보이는 높은 곳으로 나를 데려갔다. 하지만 나는 인적이 드문 구석구석까지 좀 더 보고 싶었다. 그래서 쉬는 날이면 배낭을 짊어지고 여기저기로 떠나곤 했다.

그렇게 업무와 여가를 살뜰히 활용해 세쿼이아와 킹스캐니언 국립공원의 흥미로운 특징들을 다수 체험할 수 있었지만, 그해 여름 동안 세쿼이아를 모조리 경험해보려는 시도는 당연히 허사로 끝났다. 그래도 가장 가고 싶었던 곳, 칼새의 날개를 타고 신비로움이 강을 따라 흐르는 '미네랄 킹'은 확실히 만날 수 있었다.

미네랄 킹. 10개가 넘는 최신 기사와 격렬한 논쟁, 대형 리조트 건설 계획과 야생이 벌이는 환경법 도입 경쟁을 떠올리게 하는 이름이다. 그 강력한 토지 이용 전쟁은 철의 경제와 강렬한 감정에 적셔진 너무도 대립적인 의미를 담고 있었기에 의회의 심판관들마저 혼란에 빠뜨렸다. 각종 기사에서 시에라 클럽과 월트 디즈니 엔터프라이즈, 계곡에 사는 주민들과 쓰리 리버스의 카페 운영자들, 배낭여행자와 스키 관광객들이 수없이 등장했다.

대학원생 환경 운동가였던 나는 그 전쟁에 대해 너무도 잘 알고 있었다. 하지만 공부하는 자연주의자의 입장에서 미네랄 킹을 만나고 싶었다. 그곳을 경험하고 흡수해 나만의 미네랄 킹

미학을 쌓고 싶었다.

아내 조앤과 거주한 작은 집은 국립공원 관리청이 자리한 자이언트 포레스트에 있었고, 미네랄 킹은 이곳에서 비교적 빠르게 접근할 수 있었다. 하지만 국립공원 내 시설에서 기념품 판매하는 일을 했던 조앤의 휴무가 일주일 중 하루뿐인지라, 우리는 당일치기로 미네랄 킹에 다녀오기로 했다. 도착 시각을 포함해 여러 계획을 세우느라 진을 뺐다. 짧게 둘러보는 것이라도 대충 보아서는 안 될 곳이니까. 드디어 7월 말의 목요일, 나는 이틀 휴무의 첫날 동안 자이언트 포레스트 고원의 눈부시게 아름다운 빅 트리 숲의 수 킬로미터에 이르는 구간을 일부 탐색했다. 집으로 돌아오니 차에 하이킹과 캠핑 장비가 실려있고, 퇴근한 조앤이 "빨리 출발하자!"라고 말하는 듯한 들뜬 얼굴로 바깥 현관에 앉아있었다.

저녁에 출발하기로 한 것은 좋은 생각이었다. 해가 지려면 아직 1시간 정도 남아있었기에, 가파르고 구불구불한 도로를 타고 저 아래 협곡으로 내려갔다. 아직 앞이 보일 때 험난한 미네랄 킹 도로를 조금이라도 지나야 할 텐데. 숲에서 벗어나 참나무와 유카로 가득한 관목지대로 접어드는데, 특별한 만남이 이루어져 일정이 지체되었다. 태어나 처음 보는 타란툴라가 따뜻한 아스팔트를 조심스레 터벅터벅 지나고 있었다. 우리는 차를 세우고 뛰어나가 털북숭이 녀석을 길가의 관목 숲으로 인도해주었다. 그다음에는 그 커다란 밤색 거미를 내 부츠에 올라오게 하고 사진을 찍었다. 녀석은 심기가 몹시 불편한 듯 배의 방적돌기를 휘둘렀지만, 근사하고 흥미진진한 만남이 아닐 수 없었다. 다시 길을 떠나 산길을 달리는 내내 자이언트 포레스트에 튀어나온 만질만질하고 거대한 은색 화강암 바위 모로 록의 길게 늘어진 그림자가 뒤따라왔다.

참나무가 자이언트 세쿼이아와 전나무로 바뀌었을 때는 날이 어두워져 있었다. 전조등에 드러난 구불구불한 도로의 자연은 충격적일 정도로 원시적이었다. 이곳을 통과하는 급행 주간 고속도로 건설 공사가 제안되다니, 미친 짓임을 벌써 알 수 있었다. 세쿼이아들이 불도저에 쓰러지고 연약한 땅이 저항하겠지. 주 정부가 그런 어리석은 용도를 지원하는 일에 세금을 쓴다면, 시민들도 마찬가지로 저항할 테고.

미네랄 킹 발치에 자리한 콜드 스프링스 산림청 야영장에서 간단하게 야영을 한 다음 날 아침, 우리는 무수히 많은 찬란한 가능성을 안고 거기에서부터 길을 떠났다. 아침 8시에 오두막집이 옹기종기 모인 터를 떠나 세이지브러시와 루핀꽃으로 이루어진 동쪽으로 향하는 산 비탈길을 오르기 시작했다. 조앤은 한껏 의기양양한 태도로 속도를 내어 올라갔지만, 나는 영국인들이 말하는 "긴 산보"를 하듯 꾸물거렸다. 한껏 농익은 여름날을 제대로 보고 듣고 냄새 맡고 싶었다. 아직 온전한 상태일 때 이곳을 깊이 느껴보고 싶었다. 눈에 보이지 않지만 어디에선가 "핍핍핍"하고 올리브 딱새 특유의 울음소리가 들려왔다.

길 가장자리에는 야생화가 가득했다. 알록달록한 꽃들의 향연 속에서도, 3개의 상앗빛 꽃잎 가운데에 연보라색 꽃이 또 들어가 있는 마리포사 릴리가 눈에 확 띄었다. 튀어나온 바위부터는 다홍색 펜스테몬이 한가득이었다.

마침 트레일을 내는 작업자들이 전기톱과 곡괭이, 삽을 들고 지나가는 모습이 보였다. 나는 소투스 피크로 가는데 그들은 팀버 갭 쪽으로 가서 다행스러웠다. 산림청 소속 직원들의 노고에는 감사하지만 사방에서 들려오는 미국지빠귀의 지저귐 사이로 그들의 작업 소음을 듣고 싶진 않았다. 그들만 빼고 길에는 나 혼자였다. 물론 계곡에 집을 짓고 살며 나 같은 성가신 관광객들과 움푹 팬 바위틈에서 햇볕을 쬐는 마멋, 벚나무 잡목림에서 깔깔거리는 딱따구리를 견뎌야 하는 사람들을 제외하면 말이다.

산비탈에서는 간간이 비틀어진 시에라 노간주나무가 보였다. 적갈색 몸통과 푸르딩딩하고 비늘 같은 나뭇잎이 자이언트 세쿼이아와 닮았다. 비틀린 변성암 아래에는 편마암과 편암, 규암, 점판암으로 이루어진 길이 깔려있었다. 이는 이 산이 현재의 시에라네바다를 만든 가장 최근에 일어난 조산 운동의 결과물만이 아니라 훨씬 오래된 시대의 잔류물이라는 뜻이다. 최초의 시에라는 바다 침전물로 이루어졌는데, 대부분 몇 억 년 전에 벗겨져 나갔다. 루프 펜던트라고 하는 미네랄 킹의 이런 바위 같은 파편들이 열기와 압력에 의해 변형되어 밀리면서 신생의 화강암질 산이 된 것이다.

어느덧 길가의 식물이 찬란한 노란 아침 햇살에 빛나는 밤나무로 바뀌었다. 내가 국립공원에서 진행한 자연 산책 시간에 아이들 사이에서 가장 인기가 많았던, 창처럼 기다랗고 뒷면이 황금색인 밤나무 잎을 여기에서 보니 반가웠다. 지금은 여린 초록색 밤송이지만 익으면 바늘꽂이처럼 무시무시하게 단단해질 것이다. 스텔러어치와 청설모가 이 열매를 먹는다고 들었다. 어치야 부리로 가시 돋친 밤송이를 뚫어 맛있는 알맹이를 꺼내는 데 문제가 없겠지만 청설모는 어떻게 얼굴에 밤 가시가 박히지 않는지 신기한 노릇이다.

문득 앞을 보니 바퀴 자국이 깊게 팬 두 갈래의 트레일이 나 있었다. 하나는 크리스털호수로 이어지는 서쪽길이고, 내가 가야 하는 나머지 길은 북쪽과 동쪽의 모나크호수로 향한다. 개울 위로 상당히 넓은 만년설 지대가 퍼걸러(덩굴식물을 올리기 위해 설치한 구조물-옮긴이)를 만들었다. 눈 녹은 물이 스며든 질퍽거리는 땅에 콘 릴리가 무성하게 자라났고, 파란색 나비들이 푸른 마운틴 블루벨 사이에서 조화롭게 날아다녔다. 길은 낮은 권곡cirque(빙하의 침식 작용에 의해서 오목하게 된 지형-옮긴이)을 둘러싸고 자갈 비탈길 위로 이어졌다. 위쪽으로 유난히 험준한 바윗덩어리가 나타났다.

그동안 하이 컨트리(시에라네바다의 해발고도 5,000피트 이상의 지대를 가리키는 말-옮긴이)의 고산 트레킹에서 찾아 헤맸지만 한 번도 만날 수 없었던 새를 공식적으로 만나기도 했다. 회색머리양진이였다. 나는 이 새처럼 전체가 갈색 깃털이고 밝은 색깔이 아주 살짝만 들어간 새들을 좋아한다. 아한대의 북쪽과 서늘한 고산에는 그렇게 절제된 아름다움이 잘 어울리는 것 같다. 계절이 지체되는 이곳에서는 마운틴 프라이드가 막 절정에 이르렀다. 박각시과의 범블비 스핑크스 나방이 그 화려한 꽃들을 습격해 꿀을 가져갔다. 나방을 잡아먹지만 벌은 피하는 새들은 생김새 때문에 이 나방을 가까이하지 않는다. 돌나물과의 옐로 스톤크롭 밭 위쪽으로 녹색부전나비 한 쌍이 날아다녔다. 산길을 걸으면서도 이렇게 흔한 것을 미처 알아차리지 못하는 사람들이 많다. 그들은 이 북반구 기온대의 산에 저렇게 선명한 녹색 나비가 있다는 사실을 믿지 못할 것이다.

돌이 많고 풀도 무성한 습지대에 이르렀다. 모나크호수의 가장 큰 배수지 남쪽으로 향나무가 몇 그루 서있는 곳이었다. 바로 위쪽에서 향나무가 여우꼬리 소나무로 바뀌었다. 나무껍질이 붉은색 파충류 같고 잎이 5개씩 달리는 소나무다. 다섯 번째 권곡을 오르기 시작할 때 즈음 어쩌면 당연한 사실을 깨달았다. 이렇게 많은 "대접 모양의 권곡"이 사실은 빙하 계단이라는 것을. 빙하가 절리층 암석으로 이루어진 가파른 계곡의 입구뿐만 아니라 전체를 위아래로 깎아서 생긴 구멍이었다. 오르막이 더는 없겠지 싶을 때마다 계단이 또 나왔다. 여섯 번째 권곡은 삐죽삐죽한 소투스 피크 바로 아래의 만질만질한 바위를 지나는 넓고 얕은 시내에 의해 세로로 양분되었다.

남쪽의 높고 넓은 틈새에서는 헤더가 풍성하게 자랐다. 물줄기가 여럿 흘러나왔고 일부는 커져서 수명은 짧지만 놀라울 정도로 투명한 웅덩이를 이루었다. 그 틈새를 둘러가면서 동쪽으로 틀어지는 넓은 만년설원을 또 지나야 했다. 가고자 하는 방향도 대략적으로만 알 뿐이었다. 이곳에서도 시에라의 푸른 빛은 약해지지 않았다. 여름 기온도 느껴져서 따뜻했다. 만년설원을 지나면서 이따금 멈추어 오돌토돌한 눈을 한 움큼 집어 갈증을 해소하고 이마를 차갑게 식혔다. 하지만 '홍설'이라고 하는 적갈색 조류밭이 사방에 보였다. 거대한 조류 덩어리가 낮에 눈의 표면으로 옮겨오면 칙칙한 만년설에 분홍색의 포인트가 더해져 매력적인 풍경을 연출한다. 하지만 홍설에 든 조류를 먹으면 뱃속이 불편해지므로 조심해야 했다.

무릎을 꿇고 진홍색의 조류를 살펴보는데 길이 하나 보였다. 호리호리한 경사면으로 이어지는 몇 개가 더 있었다. 아주 뚜렷하지는 않았지만 보브캣의 표시임을 알 수 있었다. 그렇게 아름다운 동물이 근처에 있다니 흥분되었다. 불과 1마일 떨어진 세쿼이아 국립공원의 산마루라면 보브캣이 전적으로 안전할 텐데, 이곳 산림청의 땅에서는 언제든 어떤 식으로든 목숨을 잃을 수 있다는 터무니없는 사실이 떠올라 유감스러웠다. 행동범위가 수 제곱마일에 이르는 저 보브캣은 그 의미도 모른 채 눈에 보이지 않는 사선을 얼마나 많이 넘어야만 했을까?

그날 3,500피트를 남겨두고 몇 백 피트는 헤더와 보라색 펜스테몬 밭, 짹짹거리는 검은눈방울새 떼로 뒤덮인 여우꼬리 소나무가 있는 오르막길이었는데, 땅바닥에 손을 짚고 힘들게 올라가야 했다. 지질 자체는 화강암이었다. 내가 어딘가에서 지질학적 접점을 건너 지금 1억 5,000만 년 된 시에라의 두 번째 바위에 서있다는 뜻이었다. 하지만 밟고 서있는 땅이 무엇으로 이루어졌는지는 중요하지 않았다. 땅이 그곳에서 나를 높이 받쳐주고 있다는 사실이 중요할 뿐.

드디어 조앤이 보였다. 저 아래 세이지브러시 길에서 나를 지나쳐 껑충껑충 달려간 이후로 처음이었다. 나는 그녀가 위로 올라가는 모습을 바라보았다. 수신호가 가능한 범위에 이르렀을 때 모나크호수 서쪽 끄트머리에서 만나자는 신호를 주고받았다.

조앤과 나는 각자 힘들게 내리막길을 내려가 호수 맨 아래 지점에서 재회했다. 말라빠진 샌드위치를 차가운 눈 녹은 물과 함께 순식간에 먹어 치웠다. '생기를 되찾는다'란 말은 야생에서 사용하기에는 이상한 표현이다. 그곳에 있으면 항상 생생한 상태니까. 그렇게 재충전하는 동안 얼음 녹는 패턴이 눈길을 사로잡았다. 탁 트인 북극 같은 땅에 움푹 팬 쪽빛 지점과 연하디연한 파란색 웅덩이가 간간이 보였다. 얼음 지대를 떠나기가 못내 아쉬웠지만 만년설원과 낙석을 지나쳐 내려가기 시작했다.

아까 벗어난 지점 근처에서 다시 길로 들어섰다. 길에서 움직이니 발은 별로 즐겁지 않아도 눈은 즐거웠다. 날이 따뜻해서 모든 배수지로 엄청난 양의 물이 흘러내렸다. 야생이 주는 즐거움을 "포효와 강장제"라고 표현한 헨리 데이비드 소로우가 생각났다. 강장제가 되어준 것 하나는 바로 파란 나비들의 집합체였다. 네 종류의 날개 달린 보석이 넘쳐났다. 수컷 나비들은 진흙이나 모래 지점에 모여있는 경우가 많은데 종유관 같은 '혀'로 염분을 뽑아내기 위해서다. 나비들에게는 방해가 되었겠지만 우리는 파란 실안개에 잠겨 녀석들을 지나갔다.

마지막 나비들을 지나쳤을 때, 젊은 부부 짐과 바버라 머프를 만났다. 앞서 호수에서 낚시하는 모습을 본 터였다. 우리는 다 함께 내려가기 시작했다. 맨 아래쪽이 가까워졌을 때 잠시 멈추어 계곡의 미래를 심사숙고했다. 이곳에 자주 오른다는 짐은 디즈니의 계획을 분명하게 알고 있었고 개발 단계를 요약해서 설명해주었다. 나는 방금 사실적인 모험을 하고 온 터였다. 그 감각과 미네랄 킹의 자신만만하면서도 절제된 아름다움에 흠뻑 젖은 상태로 디즈니의 개발 계획을 상세하게 들으니 너무도 경악스러웠다. 이곳에 전혀 어울리지 않는 계획이었다.

"모나크호수 끝쪽에 커웨어강으로 흘러 들어가는 지점이 보이시죠?" 짐이 말했다. 수목의 선명한 녹색 배경과 대조되는 은색이라 분명하게 두드러지는 부분이었다. 아주 작은 흙길과 몇 개의 야영지마저도 이상해 보일 정도로 소박하고 찬란한 아름다움 그 자체였다. "저 지점이 3,500만 달러짜리 건물 단지의 중심이 될 겁니다." 짐은 잔뜩 흥분한 부동산개발업자와 기업가처럼 열정적으로 설명하려고 애썼다. "2개의 개울에 걸쳐 산장이 들어설 거고요." 그의 목소리가 유감스럽다는 투로 변했다. "자연스러워 보이도록 각 방향에 150미터씩 콘크리트와 돌을 두른다고 하네요."

그날 오후 황금빛 하늘 아래 키 작은 나무들을 지나 집으로 운전하면서 여름이 끝나기 전에 미네랄 킹을 또 찾을 수 있을까 싶었다. 만약 최악의 결정이 확정된다면 다시 올 일이 생길까.

결과적으로 여름이 끝나기 전에, 나는 두 번 더 그곳을 찾을 수 있었다. 세쿼이아 국립공원의 아름다운 크리스털 동굴에서 투어 업무를 수행하던 날, 공원의 감독관이자 자연학자인 잭 히키가 공원 상공을 날아보겠느냐고 물었던 것이다. 국립공원 관리청에서는 화재 순시를 위해 경비행기와 조종사를 정기적으로 빌리는데, 공원 지킴이들은 자리가 있으면 탈 수 있었다. 잔뜩 신이 나서 적극적으로 좋다고 했고 날짜까지 받았다.

그리하여 8월 15일 금요일, 일찌감치 조앤과 쓰리 리버스로 갔다. 우리 비행기는 연료를 채우고 출발했다. 어느덧 오전 기온이 뜨겁게 올라가 있었다. 하늘로 날아올라 몇 분간은 참나무와 과수원으로 이루어진 저지대를 순회하며 점점 위로 올라갔다. 동쪽으로 방향을 틀어 호수 위를 지났다. 호수는 반짝반짝 빛났지만 수위가 내려가서 가장자리에 진흙이 드러났다. 남동쪽으로 블루 참나무와 캘리포니아 블랙 참나무, 캘리포니아 라이브 참나무로 가득한 탁 트인 광활한 지대를 가로질러 제프리 소나무와 전나무가 즐비한 더 높은 고도로 들어갔다. 순식간에 미네랄 킹에 이르렀다. 돌로 만든 칼 같은 소투스 피크와 좀 더 무디고 검은 미네랄 피크 같은 주변의 산봉우리 지대로 알아볼 수 있었다. 비행기 조종사 짐은 우리를 위해 산 가까이에서 순회해주었다. 상공에서 저번에 지났던 경로들이 전부 훤히 보였다.

짐은 길게 펼쳐진 킹 밸리의 초록색 주름으로 낮게 급강하를 하기 시작했다. 거대한 붉은 애추사면(풍화된 암석 조각들이 급사면에서 떨어져 내려가 쌓인 지형-옮긴이)과 부드러운 툰드라, 구불구불한 작은 호수들 때문에 무서웠다. 나중에 광활한 원시야생지역을 가까이에서 날 때도 그랬다. 디즈니의 개발 계획은 계곡에서 정상까지 27층의 강철 타워를 세운다는 것이었다. 우스꽝스러운 비극처럼 보였다. 하지만 우리 또한 철로 만든 장치를 타고 야생을 침해하고 있었다. 나중에 휘트니산의 동쪽 면을 아주 가까이 지날 때 충동적으로 산을 뚫고 들어가려다 거부당한 비행기의 잔해를 보고 거의 비인간적인 만족감마저 느껴졌다. 하지만 그런 것은 한 번으로 족했다.

두 번째 방문은 8월 말의 일이었다. 여름이 끝나가는 게 느껴져 미네랄 킹을 다시 찾아야겠다 싶었다. 떠나기 전날 밤 조앤은 갑자기 몸이 안 좋아져서 쉬기로 했지만, 반가운 동행이 있었다. 은퇴한 치과의학 교수인 77세 탱크 박사는 평생 해마다 여름이면 유럽과 아메리카에서 하이킹을 했는데, 나는 세쿼이아에서 보낸 한 달을 마무리하는 그녀에게 미네랄 킹에 오르자고 청했다. 세쿼이아 국립공원 상점의 매니저 베티까지 합류한 다음, 우리는 블루 엘더베리와 칠엽수와 박태기나무가 즐비한 도로를 달렸다. 엘더베리는 아직 만개한 상태였지만 나머지 두 나무는 이미 구릿빛으로 바삭바삭하게 변해있어 저지대에는 벌써 가을이 다가오고 있음을 말해주었다.

다음 날 아침 우리는 차로 2킬로미터 남짓 달린 뒤 걸을 수 있을 때 걷기로 했다. 그편이 나았다. 길가를 따라 서있는 캘리포니아 미루나무의 향기를 맡을 수 있었다. 계곡 맨 아래에서 탐스러운 꽃들도 봤다. 페인트브러시와 과꽃이 피어난 길가는 붉은색과 자주색으로 테를 두른 듯했다. 등산로 초입에서는 가시 많은 구스베리 덤불에 모여있는 명랑한 흰정수리참새가 보였다. 약간 멀리 떨어진 곳에는 고사리와 작은 버드나무로 이루어진 자그마한 시냇물 정원이 졸졸 흘렀다. 늦여름인데도 초록이 무성했다.

거트루드와 베티는 저번에 조앤이 그랬던 것처럼 저만치에서 앞서갔다. 민첩하게 움직이지만 그들도 내가 그다음으로 본 장관을 놓쳤을 리 없었다. 등산로의 바위투성이 토양에서 피어난 레몬색 꽃들. 꽃집 온실에나 있을 법하지 이곳에 어울리지 않는 이국적인 꽃이었다. 시에라 블레이징 스타는 빼어나게 아름다운 모양과 멋진 색깔로 야생을 여행하는 이들에게 놀라움을 선사한다. 수십 개의 왁스 같은 수술이 가운데 솟아있고 칼날처럼 날카롭고 커다란 꽃잎이 바깥으로 쭉 퍼진 모습이 이름과 잘 어울린다. 몇 미터 구간을 몇 포기가 장식했다. 시에라 블레이징 스타는 여름 동안 처음 보는 것이었다. 평생 처음이기도 했다. 대학 연구실에서는 결코 볼 수 없는 식물이니까.

계곡이 좁아졌다. 깊은 바닥은 눈으로 덮였고 측면은 아래의 흰색 V자를 배경으로 늘어선 울퉁불퉁한 노간주나무를 받쳤다. 반대쪽 오르막 비탈길의 측면은 뜯기지 않은 풀로 푸르렀다. 반짝이는 점판암 자갈 비탈길이 이어졌다. 낡은 부츠에 밟힌 자갈이 짤랑거렸다. 자갈 밟히는 소리 사이로 노란색의 가로와 세로줄 무늬가 있는 새들의 달콤한 지저귐이 들려왔다. 그들은 약한 오르막 비탈길에 자리 잡은 아주 작은 소나무 가지에 모여있었다.

늦은 점심을 먹는 거트루드와 베티를 따라잡았다. 우리는 잠시 쉬면서 알프스를 연상시키는 그림 같은 풍경을 음미했다. 전체적으로 사초와 잡초의 푸르른 원단이 깔려있고 이쪽에는 매발톱꽃과 페인트브러시가 엮은 다홍색 카펫이, 저쪽에는 국화과의 에키네시아와 데이지가 엮은 노란색 카펫이 보였다. 햇볕 따가운 계곡의 위쪽 끄트머리 풀밭은 어느덧 가을의 지푸라기 색깔로 변해가고 있었다. 원래 목적지였던 산길에 도착하려면 아직 1마일이나 더 올라가야 했지만 시간이 늦어서 그만 내려가기로 했다. 우리는 서쪽의 반데버산과 동쪽의 플로렌스 피크, 중앙의 거대한 초록색 가랑이 페어웰 갭을 오래도록 응시한 뒤 길을 나섰다.

세쿼이아 국립공원의 숲으로 돌아가면서, 우리는 거의 말이 없었다. 내 머릿속은 역사의 길을 따라갔다. 옛 시대는 미국의 황야를 숭고함의 측면에서 이야기하곤 했다. 이제 실용주의적 보존 생태학 문헌에서는 그런 묘사가 거의 사용되지 않는다. 그러나 미네랄 킹에서의 내 경험은 미학적으로나 생태학적으로나 숭고하다고 말할 수 있었다. 개발 계획 논란이 어떤 식으로 결론 나든 미네랄 킹은 언젠가, 어떤 식으로든 변하겠지만.

산속 디즈니랜드 건설 계획이 무산되더라도 계곡의 야영장 시설은 확장될 필요가 있을 것이다. 월트 디즈니가 살아있었더라면 절대로 용납하지 않았겠지만, 디즈니사는 미네랄 킹에 하루 5,000~10,000명을 데려오고자 하니까. 그 정도 인원이 오가는 도로라면 국립공원은 분명 심각하게 망가질 것이다. 그리고 만약 디즈니가 제안한 도로 공사 계획이 거부되어도 이곳 탐방객 숫자는 많이 늘어날 것이다. 개발 싸움이 미네랄 킹의 인기를 높여주는 역할을 하고 있으니까 말이다.

있는 그대로의 미네랄 킹을 볼 수 있어서 행운이었다. 앞으로 미네랄 킹은 어떤 의미에서건 지금과 같지 않을 테니까. 탐욕스러운 고산의 디즈니랜드가 아니라 미네랄 킹이 계속 존재할 수 있길 바랄 뿐이다.

"대지 이용을 경제 문제로만
생각하는 것을 그만두어라.
경제적으로 편리한 것만 생각하지 말고
모든 질문이 윤리적으로,
미학적으로 옳은지도 검토하라."

_알도 레오폴드, 자연철학자

여섯 번째 이야기

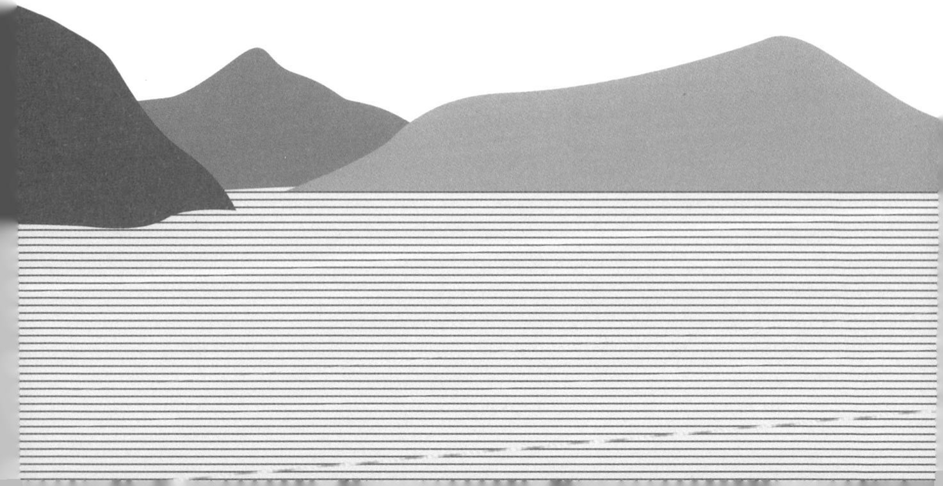

네이처
매트릭스

자연과
긴밀한
연결을
이루는

환경
윤리
패러다임
제안

한 개인의 일상적인 환경 내에서 동식물종을 만나는 경험이 줄어들면 그것들의 부재에 점점 익숙해진다. 그리고 이런 부재와 소외의 후유증은 더 큰 손실과 분리로 이어진다. 이런 과정이 계속 돌고 돈다. 결국 자연에 대한 경험의 멸종은 무관심과 악화, 자연과의 궁극적인 분리라는 악순환을 일으킨다. 이런 경험의 멸종을 막기 위해 내가 제안하고 싶은 것이 "네이처 매트릭스"의 개념이다. 자연과 인간은 절대 분리될 수 없으며, 자연은 인간의 정신이 기원하고 영구히 뿌리를 내리는 유기체와 같다는 게 핵심이다.

이 글은 기후 변화가 거의 모든 문제의 명백한 동인으로 자리잡기 전에 쓰였다. 하지만 나의 결론이나 제안은 근본적으로 바뀌지 않는다. 시급함만 더해질 뿐.

21세기를 맞이해 자연과 자연적 과정에 대한 개인의 유대가 생물학적 이웃 및 물리적 환경과의 공존에 필수적이라는 사실은 이제 의심의 여지가 없다. 자연과의 유대가 약해지고 시들어 마침내 문제가 되어버린 지금, 생태계 환경이 무너지고 인간의 미래가 위협받고 있는 것도 사실이다. 야생생물보호협회의 스티븐 샌더슨은 말했다. "야생의 자연은 큰 고통에 놓여있다. 지구를 보살피는 책임을 맡은 국제기관들은 가끔 시위만 할 뿐 '지속가능성'을 염두에 두고 관리하지 않는다." 샌더슨은 내가 인구과잉과 빈부격차와 함께 생태학적 위기의 근본적인 이유라고 생각하는 상황도 지적한다. "예측할 수 있는 미래에 세계 인구의 대부분은 자연을 그 어떤 직접적인 방법으로도 알지 못할 것이다."

거의 모든 지역에서 대다수 인구가 농업에 종사하고 정착지가 주로 시골이었을 때, 사람들은 일상에서 물리적 세계와 이어져 있었다. 산업 시대가 무르익었을 때도 미국의 자연 학습 운동과 이와 유사한 여러 나라들의 교육 관행 덕분에 대다수가 지역 동식물에 익숙했다. 그러나 제2차 세계대전 이후, 시골에서 도시로의 인구 이동이 인구과잉 및 시장의 팽창과 합쳐져 그나마 남아있던 자연과의 관계를 위협했다. 가상세계가 현실을 누르고 절정기에 이른 오늘날, 자연과 인간의 분리는 어쩌면 재연결이 불가능할 수도 있는 지점까지 진행되었다. 인류 문화의 장기적인 생존을 더는 장담할 수 없다.

물론 대다수 문화에서는 여전히 물리적, 생물학적 환경과의 일상적인 접촉에 의존해 식량과 은신처를 얻고 있다. 사실 개발도상국의 가난한 시골 사람들은 아직도 자연과 밀접한 지식에 의존하면서 살아간다. 서구 산업 사회라고 해서 아예 연결이 끊어진 것은 아니다. 야외 휴양의 측면에서는 '자연'에 큰 관심을 기울이고 있다. 자연사와 생태문학 도서 출간 현황이나 대학 및 현장 기관의 프로그램 같은 것으로 볼 때 그 어느 때보다 건설적이다. 현장 가이드북도 여전히 잘 팔리고 매년 발행 종수가 급증하고 있다. 새와 나비, 토착 식물 협회의 회원 수도 크게 늘어나는 한편, 새와 나비 관찰은 전 세계의 생태관광에 점점 더 크게 이바지한다. 정원 가꾸기와 민물낚시, 사냥 같은 야외 활동을 취미로 즐기는 사람도 무척 많다. 자연 지향적인 텔레비전 프로그램의 시장 점유율도 상당하고 공원과 방문객 센터는 휴양뿐만 아니라 신선한 공기와 정보를 원하는 휴가객과 당일치기 여행자, 학생들을 끌어 모은다.

이 모든 것이 사실이라면, 인간이 자연과 다시 연결될 필요가 있다는 주장이 왜 나오는 것일까? 첫째, 위에 언급한 활동들은 자연을 여가 활동으로 지원하는 산업화 국가들에게만 해당된다. 일상에서 땅과 물의 직접적인 접촉에 의존하지 않는 사회는 자연 휴양지가 생겨나고 세계의 자원이 대거 소비되는 사회다. 북아메리카 그리고 이와 생활수준이 비슷한 나라일수록 생태학적 서비스와 생물자원 소비, 자연 발생 자원이 생물권에 커다란 압박을 가하고 있다.

반면 빈곤이 만연한 개발도상국에는 자연과의 관계를 직업이나 여가 활동으로 따로 떼어내 생각할 수 있는 사람이 소수에 불과하다. 그들은 여전히 주변의 생태 공동체와 긴밀하게 협력하면서 살아가지만 인구과잉, 외부적으로 추진되는 자원 채굴, 지하경제를 악용하는 금융과 농업 식민주의가 그런 전통적인 관계를 지속 불가능한 패턴으로 내몰고 있다. 가령, 나는 파푸아 뉴기니의 야생동물 보호 고문으로 일하면서 그곳의 전통적인 자연 자원 사용과 농사 패턴이 붕괴하고 있다는 사실을 발견했다. 기름야자 농장이나 광업, 벌목을 비롯해 외부에서 도입된 여러 가지 현금 생성과 추출, 의존 형태가 끼치는 해로운 영향 때문이다. 그다음에는 거침없는 사회적 분열이 뒤따른다.

둘째, 자연과의 분명한 교감과 실제 접촉의 깊이가 일치하지 않는다. 새의 목록을 작성하고 장미를 재배하는 것은 해가 되지도 않고 좋은 일이지만, 이것이 꼭 자연과의 깊은 유대감을 뜻하지는 않는다. 발달한 현대 사회일수록 살아있는 세계와의 친밀함이 널리 퍼져 있지 않다. 대개 자연과 관련된 여가 활동은 피상적인 접촉만 가능하게 할 뿐이다. '트위칭twitching'으로 알려진 영국의 경쟁 스포츠가 이를 극단적으로 보여준다. 이것은 희귀 조류를 관찰하는 것을 말하는데 유기체가 기록을 위한 게임물로 전락한다. 캠핑카로 여행을 다니는 가족이 오수 탱크를 비우지 않고 그랜드 캐니언에서 다음 목적지로 달리는 풍경도 비슷하다. 관광객, 자연 관련 단체의 회원들, 시골에서의 취미 활동을 즐기는 사람들은 대개 자연을 겉핥기식으로 스쳐 지나간다. 얄팍한 보상과 미약한 관계를 가져다줄 뿐이다. 물론 가벼운 관계에서 헌신적인 관계까지 폭넓은 영역이 존재한다. 그러나 대다수 사람은 자연과 별로 깊은 유대관계를 맺지 못하고 있다. 그나마 겉핥기식으로라도 자연을 접촉하는 사람은 적어도 주변의 자연을 의식하기 마련이다. 자연과 거의 접촉하지 않고 살아가는 사람은 자연에 관심을 가질 수도 없는 법이니까. 극단적으로 말해서, 자연에 관심 있는 사람은 자연보호를 선택할 수 있지만 모르는 사람은 그저 무감각하다. 굴뚝새도 모르는 아이가 과연 콘도르나 알바트로스의 멸종에 얼마나 관심이 있겠는가?

하지만 얕은 접촉은 얕은 보호책으로 이어진다. 얼마 전, 호텔에 묵었는데 손님들에게 물과 세제 절약을 위해 침구의 재사용을 고려해달라고 부탁하는 내용이 적힌 카드가 베개에 올려져 있었다. 의심할 여지없이 호텔업계의 긍정적인 발전이다. 하지만 그 카드에는 '지구를 구하자!'라는 거창한 제목이 달려있었다. 사람들이 고급 호텔에서 이틀 동안 이불보를 갈지 않고 자는 것으로 자연보호의 책임을 이행한다고 느낀다면, 진체적으로 역효과가 발생할 수 있다. 마찬가지로 국립공원 안내소의 설명이나 환경 교육의 세부사항, 미디어에서 묘사되는 자연에도 조류 트위칭과 다를 바 없는 얄팍함이 드러난다. 물론 깊이 있게 접근하는 경우도 있지만 많은 사람이 접하지는 못한다.

자연 속에 완전히 둘러싸여 있다고 깨달음이 보장되는 것도 아니다. 8,000달러가 드는 남극 여행을 떠나 황제펭귄을 가까이에서 관찰하는 사람이나 따뜻한 남부의 섬에서 여름 햇살을 즐기는 휴가객이 자연과 깊은 유대감을 형성할 확률이 얼마나 될지 의문이다. 자연과의 친밀함은 시작점에 불과하다.

게다가 자연에 깊은 적대감을 보이는 사람들도 많은데 이는 당연히 자연 보전에 도움 되지 않는다. 물론 인간과 다른 종들과의 관계는 양날의 검일 수밖에 없다. 우리가 지키려고 하는 어느 곳의 동물이 인간을 죽이거나 다른 문제를 일으킬 수도 있다. 코끼리나 호랑이 같은 동물 말이다. 특히 어떤 초식성 곤충과 외래 침입종은 식량과 섬유질을 두고 인간과 경쟁을 벌이고 또 다른 종들은 질병의 매개체 역할을 한다. 꼭 필요한 농업적 대응이 표적 아닌 종들까지 대거 죽일 수도 있다. 전염병의 위험을 없애려는 대량 살포가 오히려 공중 보건에 더 해로운 영향을 미치기도 한다. 상대적으로 적은 수의 해충에 대한 집착은 위험할 뿐만 아니라 곤충 혐오로 이어진다. 지구에 가장 많은 생물이 바로 곤충인데 그런 태도로 살아가서야 되겠는가. 자연과 의미 있는 관계가 형성되려면 그런 극단적인 관념을 피해야 한다. 인간의 필수 자원을 다른 종들로부터 지켜야 하더라도 모든 자연에 대한 평정심을 길러야 한다. 이런 태도만이 장기적으로 인간의 적응력을 보장해줄 수 있다.

우리가 일상에서 자연에 대한 친밀감과 관용을 잃어버린 것은 아이들이 특별한 장소와 접촉할 기회가 크게 줄어든 것과도 관계가 있다. 많은 작가가 자연의 특별한 장소가 자신의 성장기와 자연과의 교감 형성에 얼마나 중요했는지 이야기한다. 리처드 마비는 "비공식적인 시골"이라는 용어를 만들었다. 이것은 근처에 공식적으로 보호받는 자연 구역이 없을 때 아이들이 풍경 속의 모든 즐거움을 찾을 수 있는 곳, 대개는 버려진 산업 현장이나 도시 주변부의 불모지를 말한다.

사실 "공식적인 시골"인 공원과 보호구역은 울타리, 구획된 길, 그물 사용 금지를 비롯한 여러 가지 제약 때문에, 호기심 많은 아이들에게 자연과의 친밀한 접촉을 제공하지 못한다. 식물원과 동물원은 언제나 그랬듯이 인간과 다른 종을 다시 이어주는 역할을 할 수 있다. 하지만 주로 이국적인 종들을 인위적으로 모아놓은 그런 곳들은 친밀함의 낭만화에 있어서 보호구역과 똑같은 문제점을 안고 있다. 머나먼 여러 서식지에서 온 다양한 생물들을 접하는 데는 유용하다. 하지만 지역적 맥락이 빠지면 디즈니월드와 비슷한 의미일 뿐이다. 진정한 유대감이 형성되려면 아이들이 지역에 서식하는 동물과 식물들 사이에서 탐험하고 땅을 파고 돌아다니고 놀고 뭔가를 잡기도 하고 궁극적으로 발견을 해야만 한다. 이런 시각에서 보면, 공터는 자연 보호구역이나 수목원보다 더 가치 있는 공간이다.

전통적으로 소박한 중고 서식지들은 아이들이 인간 이외의 존재에 익숙해지는 데 큰 역할을 해왔다. 도시와 교외가 비어 있는 공간을 계속 개발하고 점점 더 밖으로 뻗어나가 공터 같은 녹지가 사라지면, 아이들은 집 가까이에서 자연과 의미 있는 접촉을 할 기회를 잃는다. 거기에다 컴퓨터 게임과 인터넷, 바쁜 일과까지 더해지고 부모는 지나친 걱정과 두려움으로 아이가 혼자 밖에서 돌아다니지 못하도록 막는다. 나는 이 모든 상황으로 인해 자기만의 특별한 장소를 가지지 못한 어린이 세대가 탄생하고 그 영향으로 전체 인구층이 주변 환경에 더 무심해질까 봐 걱정된다.

하지만 동시에 인간은 생명애를 타고 나고 자연에 끌리는 본능이 있다고 믿는다. 얼마 전 쇼핑몰 연못에서 한 무리의 소년들이 시골 아이들처럼 물수제비를 뜨는 모습을 보았다. 비록 그 아이들이 던진 '돌'은 25센트 동전이었고 '연못'은 쇼핑몰 안에 마련된 인공적이고 기하학적인 구조물이었지만 말이다. 소년들은 바깥에서 물수제비 뜨기를 할 만한 장소도 없고 해본 적도 없다고 말했다. 그런데도 아이들은 기꺼이 분수대에서 동전을 도로 주워왔다. 가지거나 쓰기 위해서가 아니라 물수제비를 뜨기 위해서. 만약 개구리와 갈대, 잠자리, 젖은 진흙 냄새가 있는 곳에서 물수제비 뜨기를 했다면 아이들의 삶에 어떤 의미가 될까?

세상과의 개인적이고 집단적인 교감이 약화되면 내가 "경험의 멸종"이라고 부르는 상실과 무관심의 주기로 이어진다. 기본적으로 경험의 멸종 증후군은 이런 원리로 움직인다. 일상적인 환경에서-개인의 도달 반경 이내- 흔한 동식물종(다양성의 문화적, 건축적 특징도 마찬가지)이 멸종되면 그것들의 부재에 점점 익숙해진다. (가난한 사람과 노인, 어린아이, 장애인일수록 도달 반경이 훨씬 좁다.) 종의 풍부도가 줄어들면 자극과 흥분을 일으키는 그 지역만의 매력이 따분함과 권태감, 무관심으로 바뀐다. 덜 알고 덜 보고 덜 관심을 기울이고 따라서 덜 행동하는 사람일수록 더 큰 손실을 겪는다. 멸종과 소외의 후유증은 더 큰 손실과 분리이다. 이런 과정이 계속 돌고 돈다. 경험의 멸종은 무관심과 악화, 자연과의 궁극적인 분리라는 순환을 일으킨다.

경험의 멸종을 막으려면 실제 야생의 요소를 접하는 것이 매우 중요하다는 사실을 알아야 한다. E. O. 윌슨은 말했다. "인간은 동식물이 거의 제거된 환경에서도 겉보기에 정상적인 상태로 성장할 수 있다. 그러나 중요한 무언가가 빠져있다. 상상으로도 가능한 지식과 즐거움이 아니라 인간의 뇌에 꼭 필요한 일련의 다양한 경험이다. 우주에서와 마찬가지로 지구에서도 잔디와 화분, 새장 안의 앵무새, 애완견, 고무 뱀으로는 충분하지 않다." 이제는 여기에 가상 이미지도 추가해야 할 것이다. 컴퓨터 화면의 반짝이는 픽셀은 절대로 나비 날개의 반짝이는 비늘을 대체할 수 없다. 다른 생물과의 직접적이고 개인적인 접촉은 간접 경험이 절대로 대신할 수 없는 중대한 영향을 끼친다.

특히 현대인의 태도는 -가정용 살충제의 보편화, 포식동물에 대한 부지한 태도와 그 밖의 수많은 행동에서 나타나듯- 생물애보다 생물 공포증에 가깝다. 다른 종에 대한 계몽된 태도로 나아가는 길은 가파르고 구불구불한 오르막이다. 그러나 단절의 메커니즘이 점점 심해지고 있는 것이 분명하다면 그 결과를 어떻게 증명할 수 있을까? 다른 생명체와의 일대일 접촉이 인간의 생물애를 깨우는 수단임이 확실하고 생물애의 인식과 개선이 환경보호에 필요한 행동 변화를 초래할 수 있다는 윌슨의 주장이 실증적으로 옳다고 가정한다면, 야외 환경의 빈곤화에 함축된 커다란 의미 또한 분명할 것이다.

나는 4개 도시의 나비 멸종률을 이용해 경험의 멸종을 수량화하는 시도를 해보았다. 지역에 일어난 자연 변화의 정도를 알려주고 잃어버린 자연 접촉 기회의 지표가 되어줄 터였다. 그 결과, 해당 지역들에서 자연 경험의 기회가 크게 줄어들었다는 사실이 나타났다. 교외화가 빠르게 진행되는 지역일수록 심했다. 물론 자연을 경험할 기회가 사라진 지역에서 앞으로 환경 분야의 지도자가 배출되지 않을 것이라는 사실을 입증하기는 불가능하다. 하지만 아이들이 열렬한 자연주의자와 친환경 유권자로 자랄 가능성은 그 지역 나비의 개체 수와 다양성과 함께 줄어들었다고 결론지어도 무리가 아닌 듯하다.

인간이 자연과 다시 연결되는 것은 에덴동산에서 추방된 것을 되돌리거나 에덴으로 돌아가거나 평화를 사랑하는 왕국으로 가까이 가는 문제가 아니다. 그런 상태는 결코 존재한 적이 없었다. 사실 인간은 처음부터 여러모로 야생과 대립하고 경쟁해왔다. 그러나 인간이 오랫동안 접촉해온 다른 모든 종들과 함께 진화해온 것도 사실이다. 진화 역사의 대부분 동안 다른 종과 투쟁하거나 협동하면서 개인의 죽음은 따랐을지언정, 종 자체에 대한 실질적인 위협은 없었다. 흔히 원주민들은 자연과 균형을 이루며 살아왔다고 하는데, 이는 산업화 이전의 상태와 적은 인구, 상대적으로 영향을 덜 받는 삶 덕분이 크다. 원주민 문화(예: 북미 원주민)가 자연에 존중심을 보인다고들 생각하지만 사실일 수도 있고 낭만적으로 묘사된 것일 수도 있다. 하지만 인간의 영향력은 기술 진보와 함께 커졌다. 홍적세에 북미 대륙의 거대 포유동물을 과잉 살상하는 정도로 말이다. 그럼에도 배리 로페즈는 원주민들의 "존재 방식"이 현대 자연주의자들이 자연과 연결되는 방식과 근본적으로 다르다고 말한다. 그에 따르면 원주민들은 "떠나지 않으려고 애쓰지만" 이후의 자연주의자들은 "자연으로 돌아가는 길을 찾고 있다." 원주민 사회의 복잡한 환경에 일반적으로 적용되는지 여부를 떠나 여기에 담긴 원칙과 상징은 변함없다. 현재 우리의 과제는 산업 혁명과 인구 증가로 누적되고 산업과 농업으로 악화된 결과를 줄여나가면서 자연으로 돌아가는 방법을 찾는 것이다.

다행히 그 과제를 헌신적으로 수행해온 사람들 덕분에 좋은 결과가 나오고 있다. 사실 그 작업의 대부분은 복구의 영역에 속한다. 그러나 부활 생태학은 인간의 영향이 초래한 멸종을 대부분 되돌리지 못할 것이다. 지역사회에 기반을 둔 복원 노력은 전 세계의 처참한 추세를 뒤집지 못할 것이고 궁극적으로 올바른 해결책 없이는 노력이 허사가 될 것이다. 마찬가지로 아무리 많은 사람이 자연사와 야외 취미 활동을 추구해도 대대적인 변화를 일구려는 거대한 집단적 의지가 없으면 자연 보존에 진척이 생길 수 없다. 기본적인 행동이 그대로라면 아무리 정원을 가꾸고 새를 관찰해봤자 소용없다. 탐조가들이 기름을 게걸스럽게 먹어 치우는 차를 타고 다니는 모습을 보면, 과연 소비 혁명의 필요성을 이해하고 실행하고 있는지 의심스럽다.

현재 군사/상업 부문에 만연한 분위기는 세계 문화가 절대로 자연과 연결되지 않을 것이고, 인간의 생존도 보장되지 않을 것임을 분명하게 보여준다. 엑손 코퍼레이션은 해달과 바닷새, 해양생물, 연어, 인간의 어업 공동체를 희생시킨 기름 유출 사고 이후 사업이 우선이라는 전형적인 태도를 보였다. 2002년 11월 스페인 해안에서 발생한 기름 유출 사고 역시 비슷한 영향을 끼쳤고 대응 방식도 유사했다. 자연은 물론 하나의 실체로서 '인류'에는 법적인 지위나 주주 투표권, 기업 이사회 의석도 없다. 그러므로 진정으로 의미 있는 자연과의 재연결은 급진적이어야만 한다.

모든 국가 경제 및 세계 경제 기구는 성장만이 유일하게 허용 가능한 상태라고 가정한다. 그러나 영구적인 성장은 탄소 배출, 오존 고갈, 인구 팽창, 대수층 고갈, 독성 오염, 자원 고갈, 종멸종, 계급 분할, 전쟁, 질병의 지속, 궁극적으로 붕괴를 의미한다. 흔히 사업가들은 "성장하지 않으면 죽은 것이다"라고 말한다. 하지만 생태학적인 측면에서 특정 지점을 넘어서까지 계속 성장하면 이는 곧 죽음이다. 성장을 밀어붙이는 패러다임에 반박하는 움직임도 있지만 그런 급진적이고 안정적인 원칙은 오늘날 그다지 인기를 끌고 있지 못한다. 이런 입장을 옹호하는 머레이 북친은 성장 중독이 우리가 "본질적으로 반생태적인 사회"에 살고 있음을 보여준다고 말했다. 세계의 비즈니스와 정치 문화를 주도하는 지극히 속물적인 상업 윤리는 자연계를 상업적 기회에 종속시킨다. 인간이 자연계를 따로 분리해 바라보는 인식론을 고집하기 때문이다. 세계 대부분 국가들이 미국의 본보기를 따르게 되어있다는 점에서, 생물권에 관한 가장 무서운 시나리오는 중국이나 인도처럼 인구 많은 국가들이 선진국으로 부상하는 것이다. 그렇게 되면 얼마나 더 많은 자동차와 플라스틱, 실리콘 칩, 살충제, 콘크리트, 고층 건물이 자연과의 분리를 가속할지 걱정스러울 뿐이다.

나는 급진화에 2개의 심실(心室)이 필요하다고 생각한다. 첫째, 끝없는 성장과 확장을 밀어붙이지 않고서 경제 격차를 해소하는 책임 있는 새로운 경제다. 빈곤의 완화가 반드시 자연 보전보다 앞서야 하고 최소한 병행되어야 한다는 것에는 의심의 여지가 없다. 그러나 가지지 못한 자가 가진 자에게 맞추는 문제가 되어서는 안 된다. 그러면 더 빠른 붕괴로 이어질 뿐이다. 그보다 양쪽 모두가 지속 가능한 수단으로 접근해야 한다. 지금 당장의 즐거움을 누리는 것보다 강력하고, 명령보다는 약한 무언가가 필요하다. 자연 보전의 밝은 미래가 기업 자본주의와 양립할 수 없다는 전제를 거부하는 사람들도 있다. 뉴욕에 있는 야생생물보호협회 스티븐 샌더슨 회장은 자연 보전에 대한 민간 투자의 증가, 경제 성장과 발달의 행동 규칙 변화, 비정부기구NGO와 기업 부문 간의 실용적인 동맹이 자연과 인간에게 썩 괜찮은 미래를 가져다줄 수도 있다고 믿는다. 하지만 기업의 양심, 절제, 한계 인식 같은 자질이 전제가 되어야 한다. 깨어있는 '자연 자본' 접근법이 지역적인 규모로는 어느 정도 성공을 거둘지 모르지만, 세계의 기업주의가 그런 자질을 갖추거나 따르는 흔적은 도무지 찾아볼 수 없기 때문이다.

둘째, 빈곤의 또 다른 형태이자 유행병인 자연 문맹을 줄이는 전면적인 운동이 필요하다. 대다수 사람은 알게 모르게 자연과 연결되어 있다. 자연에서 나오는 것을 소비하거나 취미와 여가 활동을 즐기거나 일을 통하여 자연과 더 긴밀한 결속이 이루어진다. 그러나 인간은 주변 세상이 돌아가는 원리에 매우 무지하기도 해서, 자연과 그 어떤 긴밀한 관계도 맺지 못했다. 한때 주변에 서식하는 동식물에 대해 대략 아는 것이 바람직한 일로 여겨졌지만 그런 겉치레도 줄어든 지 오래다. 동식물 이웃에 대한 기본적인 지식을 가진 사람들, 자세한 생태는커녕 이름이라도 아는 사람들이 매우 적다. 내가 보기에는 위기의 핵심이 바로 이 지점이다. 서로 더불어 그리고 기대어 살아가는 동식물에 대해 잘 알면, 자신이 매일 허용하고 부추기고 저지르고 지지하는 환경 범죄를 수긍하기는커녕 결코 그냥 두고 보지 않을 것이기 때문이다. 반대로 무한한 성장에 의존하는 정치와 경제의 발달은 상식의 심각한 상실 상태에서만 가능하다. 그 상실이야말로 진정한 에덴동산으로부터의 추방이었다.

우리는 얼마나 멀리까지 추방되었는가? 확실히 지난 100년 동안 자연 보전 윤리에 엄청난 변화가 있었다. 이제 야생 조류의 깃털은 여성용 모자에 사용되지 않고, 요즘 동물들은 고성능 소총이 아니라 카메라에 쫓긴다. 그러나 습지 보호 감소와 야생동물 고기 거래 증가가 좋은 효과를 상쇄해버렸다. 많은 이들이 생물학적 다양성의 중요성을 깨달아야 한다고 목소리를 높였지만 조사와 분류 활동이 시들해지고 주요 지역 센터가 문을 닫았다. 지식의 필요성이 그 어느 때보다도 커진 시대에 지식의 도구들이 시들해지고 있다. 많은 종이 존재 자체가 제대로 규명되기도 전에 멸종되어버린다는 것은 이제 진부한 표현이 되었다.

우리는 에덴동산에서 더욱더 멀리 추방되고 있다. 선진국과 개발도상국 모두 그렇다. 인구통계학자들은 2050년에 이르면 세계 인구가 80억 명~90억 명 선에서 변동이 없으리라고 예측한다. 그냥 기다렸다가 그때 남겨진 자연과 새롭고 더 긴밀한 관계를 맺으면 될까? 그렇지 않다. 지속 불가능한 수치가 계속된다면 남는 것 자체가 많지 않고 모든 국가 체제에서 사회적 유연성이 훨씬 줄어들 것이다.

더 나은 미래로 나아가는 것이 아직 가능할지 잘 모르겠다. 만약 가능하다면, 레오폴드의 말을 받아들여야 한다. "윤리의 진화 과정을 정체 상태에서 움직여줄 열쇠는 이것이다. 적절한 대지 이용을 경제 문제로만 생각하는 것을 그만두어라. 경제적으로 편리한 것만 생각하지 말고 모든 질문이 윤리적으로, 미학적으로 옳은지도 검토하라." 결국 패러다임의 변화가 성공하려면 레오폴드의 대지 윤리에서 가장 중요한 원칙을 받아들여야 한다. "생물 군집의 온전성, 안정성, 아름다움을 보존해주는 것은 옳고, 그렇지 않은 것은 틀리다."

그 결과 마침내 전적으로 새로운 윤리 체제가 모습을 드러낸다. 내가 "네이처 매트릭스Nature Matrix"라고 부르는 꿈이다. 이 용어는 자연계에 대한 장기적인 관점만을 인정한다. 자연을 인간이 절대로 빠져나갈 수 없는 몸체와 완전하게 결합된 것으로 본다. 여기에서 '매트릭스'는 생물학적인 의미로 사용된다. 나머지 모든 것을 결합하는 세포간 물질이라는 뜻이다. 네이처 매트릭스에는 여섯 가지 필수적인 요소가 있다.

1. **대지 윤리 기초** : 모든 결정은 "생물 군집의 온전성, 안정성, 아름다움을 보존해주는 것은 옳고 그렇지 않은 것은 틀리다"는 레오폴드의 대지 윤리를 기준으로 한다. 물론 해석의 차이가 발생할 수 있지만 "생물 공동체"에 대한 실제 지식을 갖춘 합리적인 사람들이라면, 결국 대부분 똑같은 결론에 이를 것이다. 그래도 캘리포니아의 유칼립투스 같은 불가사의한 사례가 발생할 수 있다. 유칼립투스는 전반적으로 해로운 침습성 외래종이지만 제왕나비가 겨울을 나는 데 필수적이다. 제왕나비는 해안 숲이 없는 원래의 상태에서 유칼립투스 숲에 새로 적응했다. 그러므로 생태학적 교양을 갖춘 시민들로 패널을 구성해서 분쟁을 장소별로 조사하고 해결해야 한다.

2. **자연 학습** : 네이처 매트릭스에서 교육은 자연사에 기초하고 다른 모든 과목의 교육도 자연사와 관련하여 이루어질 것이다. 오늘날과 달리 가정과 학교에서 모두 환경 교육이 새로운 교육학의 핵심을 이루게 된다. 기본적인 교육 목표에는 읽고 쓰기와 산술 능력뿐만 아니라 지역 생태계에 대한 필수 지식도 포함된다. 아이들은 지역 동식물의 친근한 이름을 알게 된다. 고등 교육에서는 자연 다양성의 조사와 분류를 다시 강조하고 존중한다. 분류 다음에는 다양한 생물의 생태와 상호관계에 대한 더욱 포괄적인 연구가 이루어진다. 네이처 매트릭스는 인간의 문화와 역사의 중요성을 더 큰 세계에 대하여 상대적으로 평가한다. 예술은 과학과 똑같이 중요시되고 협력과 조화를 바탕으로 시행된다.

3. **지역 초점** : 자연 보전과 관련해 가장 큰 분열은 정부와 지자체의 통제 차이로 인해 발생한다. 나는 자원 의존적인 시골에 사는 주민으로서 정말로 그게 문제라고 확신할 수 있다. 시골 사람들은 자율에 맡겨지면 주민들이 올바른 선택을 내린다고 믿는다. 하지만 현실적으로는 그렇게 되기가 쉽지 않다. 도시가 적합하지 않은 규제로 시골을 통제하려고 들기 때문이다. 대개 규제자들은 장소에 대한 지식이 부족해서 지역의 생물학적 또는 사회적 조건에 맞춤화된 결정을 내리지 못한다. 지자체가 통제권을 행사하

려고 해도 경제적 이해관계, 근시안, 힘의 부족, 생태학적 지식의 부재로 좌절되기 십상이다. 이때 네이처 매트릭스에서는 의사결정 부서를 지역으로 두되, 중앙에서의 모니터링을 수용한다.

4. **합의 원칙** : 파푸아 뉴기니의 여러 마을이 현대에 이르러서도 안정적인 상태로 남아있는 이유는 다수결 원칙이 아닌 합의에 따라 의사결정이 이루어졌기 때문이다. 합의에 도달하는 데는 굉장히 오랜 시간이 걸리므로 그사이에 큰 피해가 발생하지 않을 수 있다. 이 패턴은 자연 다양성이 높은 상태에서 지속가능성 쪽으로 기우는 경향도 있다. 하지만 20세기 들어 민주주의와 현금경제가 강요되면서 약해졌다. 물론 전체주의적인 기업주의는 생태학적으로 똑같은 결과를 가져온다. 네이처 매트릭스는 자본으로 통제되는 민주주의와 독재정치를 상호 합의에 의한 "생물학적" 통치 형태로 교체한다. 오늘날의 정치적 합의와는 거의 정반대일 정도로 변화와 진보, 혁신이 느리고 매우 보수적으로 이루어질 것이다.

5. **공동체주의적 정의** : 인권은 네이처 매트릭스의 근간이고 더 넓은 생명 공동체까지 확장된다. 여기에 레오폴드 원칙을 위반하는 부와 물질적 재화 또는 이윤을 축적할 권리, 무제한의 복제 권리는 포함되지 않는다. 경제 발전은

최대 소유보다 최소의 기준을 바라보고 모든 것을 가지기보다는 충분하게 가지는 이상을 추구한다. 부의 공정한 분배와 인구 통제는 강압이 아닌 개인의 책임, 제한, 개인의 권한 부여를 통해 달성된다. 사유재산권은 전체의 이익에 종속되며 개인의 소유욕이 아니라 공동체의 웰빙 의식을 키운다. 자유에는 자율성뿐만 아니라 책임의식도 따른다. 종교 선택이 자유로우며 가상적인 사후 세계가 아니라 지금 여기를 돌보는 영성이 장려된다.

6. **생태 복구** : 필수적이고 지속 가능한 생산과 보전뿐만 아니라 훼손된 생태계와 공동체를 손보는 것이 인간 활동의 기본적인 토대를 이루게 된다. 남은 야생과 원시림은 계속 지켜지고 농업은 기존의 농경지에서만 이루어진다. 훼손된 땅과 물에는 야생화하는 작업이 이루어질 것이다. 상품의 재사용과 재활용이 교체와 폐기의 윤리를 대신한다. 공기, 물, 고요함, 밤하늘은 모두 신성불가침이고 잠재적 오염원들에는 무해함을 증명해야 하는 의무가 따르며 빛과 소음이 엄청나게 줄어든다. 합성 화학물질의 제조 및 사용은 법칙이 아닌 드문 예외가 된다. 농업은 유기농이고 중간 또는 작은 규모이며 토양과 유기체가 결합하는 다문화적 방식을 따른다. 지역적인 소비가 강조된다. 공동의 투쟁과 사람들의 참여로 전쟁과 무기가 필요 없어진다. 반드시 비무장화가 뒤따라야 한다.

네이처 매트릭스가 유토피아처럼 들릴 수도 있다. 사실 탐욕과 권력에 대한 실질적인 교정책이 없다는 순진무구함이라는 점에서 지구헌장과 비슷하다. 네이처 매트릭스가 실행되려면 어떤 종류의 공권력이 필요할지 아직은 잘 모르겠다. 어느 자비로운 나라가 네이처 매트릭스의 필요성을 깨닫고 실천하기로 한들 강압을 통해서만 가능할 텐데, 알다시피 강압은 네이처 매트릭스의 개념에 위배된다. 그러나 조직들이 청사진을 널리 공표하고 다양한 차원의 담당부처가 계속 근접해 나간다면 느리게나마 바람직한 방향으로 나아갈 수 있지 않을까?

네이처 매트릭스는 생태학이나 민간 부문의 붕괴에 대한 대응으로 등장할 수도 있다. 현재 또는 앞으로의 중대한 공동체 및 자연 보전 투쟁이 진정한 레오폴드식으로 자연과 다시 연결되는 문제를 다루기 시작한다면 새로운 사고방식에 따른 회복의 분산적 토대가 마련될 수 있을 것이다. 마치 암흑시대의 수도원처럼 방법과 씨앗, 지식, 중요한 원문, 경건한 욕구를 보전하는 것이다. 만약 인류의 상당수가 지구와 함께 살아남는다면 그 잔해에서 네이처 매트릭스 같은 것이 등장해 발전할 수 있다. 이것이 위험한 시기의 냉혹한 위로처럼 보인다면 오히려 소망할 만한 가치가 있다는 뜻일 수도 있다. 어느 쪽이든 사람과 자연이 다시 연결되는 문제는 -적어도 제대로 된 재교감- 오래되고 타락한 관계가 완전히 새로운 얼굴을 찾아야만 가장 효과적으로 달성될 것이다.

네이처 매트릭스는 근본적으로 다른 꿈이다. 새로운 종류의 환경 거버넌스가 있고 인간의 야망이 자연의 한계를 존중한다. 미국의 자연철학자 존 헤이도 말했다. "인간이 살 기회, 삶을 허락받을 기회, 인간을 창조주로 보는 고립을 초래하는 끔찍한 생각을 없앨 기회가 아직 남아있을지도 모른다." 헤이는 이렇게도 말했다. "우리는 다른 생명체들과 삶을 공유하는 장소를 열심히 찾아나서야 한다."

사실 인간과 자연을 다시 연결한다는 것은 말도 안 되는 표현이다. 애초에 인간과 자연은 별개가 아니며 떼려야 뗄 수 없기 때문이다. 문제는 우리가 아직 그 사실을 깨닫지 못했다는 것뿐이다.

"생물 군집의

온전성, 안정성, 아름다움을

보존해주는 것은 옳고,

그렇지 않은 것은 틀리다."

_알도 레오폴드, 자연철학자

일곱 번째 이야기

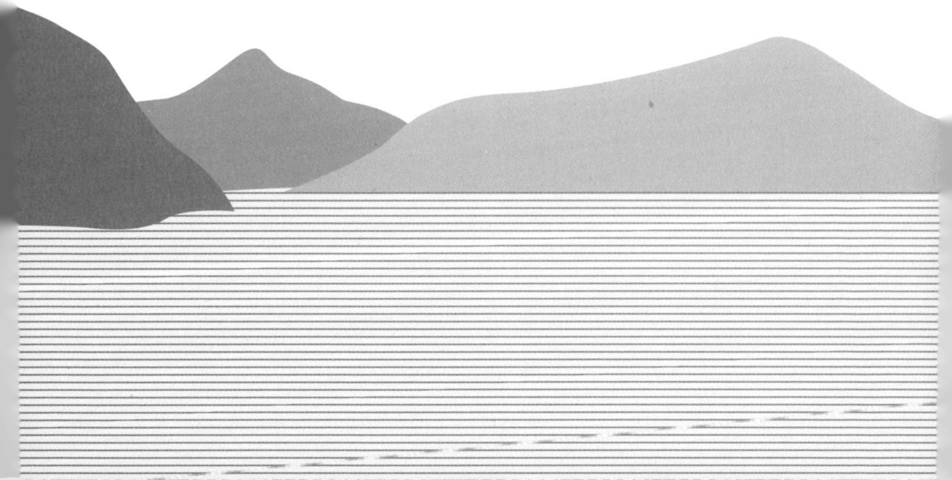

또 다른 자연, 대학 캠퍼스에 대한 생각

매일 매일 좀 더 나은 자연주의자 되기

유타주립대학 영어학과 동료 교수로부터 '학문과 장소'를 주제로 에세이를 써달라는 부탁을 받고 즐거운 마음으로 쓴 글이다. 예전부터 자연철학 교수로서 캠퍼스에서의 경험을 꼭 글로 써보고 싶었는데 완벽한 기회였다.

내가 캠퍼스 생물에 가장 큰 매혹을 느낀 경험은 퍼스에 있는 대학 캠퍼스에서 일어났다. 그리 높지 않은 머리 위쪽의 나뭇가지에 오색앵무와 가슴이 분홍색인 갈라앵무가 가득했다. 나는 눈을 뗄 수 없었지만, 광장에 있는 다른 사람들의 눈은 거의 핸드폰 화면이나 땅바닥, 혹은 저 앞을 향하고 있었다.

최근에는 오리건주에 있는 퍼시픽대학의 오래된 캠퍼스를 탐험했다. 거대한 오크와 미송 아래에 석화된 그루터기, 기념비가 서있었는데 거기에 무척추동물이 가득했다. 너무도 매혹적이었다. 그놈의 송풍기가 쓸어버리지만 않았어도 몇 주 동안 감상할 수 있었을 텐데 그저 아쉬울 따름이다.

내 인생에는 수십 개의 캠퍼스가 있다. 캠퍼스 하나하나가 전부 특별하고, 생명체가 사는 실제적인 장소이며, 다양한 만남으로 넘쳐난다. 나는 아무리 잠깐이라도 공기와 향기, 색깔, 계절, 물, 식물, 동물 등 내가 사는 곳의 생명체들을 의식하는 시간을 가지곤 한다. 무엇보다도 일터에서 산책하며 놀라운 것들을 발견하는 시간이 가장 중요하다. 일하는 장소들에 날카롭고 본능적인 관심을 기울인 것이 나를 지금의 학자이자 선생으로 만들어주었고, 더불어 나 자신과 학생들의 삶을 크게 향상시켰다고 믿는다. 더군다나 그런 장소의 살아있는 디테일들은 내 글쓰기와 연구의 많은 부분을 직접적으로 좌우했다. 하지만 캠퍼스의 많은 사람들이, 심지어 장소에 민감한 학자들마저도, 자신의 업무 환경에 이런 관심을 기울이지 않는 듯해서 아쉽다.

내가 어릴 때 처음으로 접한 대학 캠퍼스는 콜로라도의 대학들이었다. 가을에 발아래로 밟히는 바삭바삭한 노르웨이 단풍나무 잎사귀와 5월 밤을 가득 채운 호파 사과 꽃이 있는 오래된 건물, 그리고 공원 같은 풍경이 좋았다. 거의 무한대에 가깝게 대학 캠퍼스를 탐사하는 습관이 생긴 것은 아마도 그때의 경험을 바탕으로 한 게 아닌가 싶다.

콜로라도주를 떠나 습하고 푸르른 워싱턴대학교에 입학한 다음부터는 새로운 풍경과 식물, 날씨에 대한 열정으로 현장 조사와 관찰에 뛰어들었다. 7년 동안 시애틀의 캠퍼스와 주변 습지와 수목원을 매일 돌아다녔는데, 장소에 대한 독학 시간이자 일종의 회피 행동이기도 했다. 물리나 화학 대신 조류학을 공부하고 싶은 마음이 간절했던 나는 100일 동안 100종의 새를 관찰하며 후자에 빠져있느라 전자는 낙제하고 말았다. 그 후 대학 1학년 동안 캠퍼스 내에서 100가지 종을 발견하기로 마음먹었고 맨 마지막 날에 큰논병아리와 버지니아뜸부기를 봄으로써 목표 달성에 성공했다. 결과적으로 광활한 캠퍼스 구석구석을 알게 됐고 계절별로 어디에서 무엇을 볼 수 있는지 훤해졌다.

이미 쓰레기 더미로 훼손된 캠퍼스의 습지가 아예 포장될지 모르는 위협에 놓이게 됐을 때는 학생들과 교직원들을 이끌고 습지를 구하기 위한 행진을 벌이기도 했다. 다른 시위자들이 행정 청사를 장악하고 평화와 정의를 요구할 때, 우리는 습지와 매립지를 장악하고 표토와 나무를 요구했다. 이런 학생 환경보호주의자들의 행동은 캠퍼스를 훨씬 뛰어넘어 베트남 전쟁 반대 시위로도 이어졌다. 하지만 그 이후로 내가 참가한 모든 운동의 성격을 결정지은 것은 그때 시작한 생태공원 조성 운동이었다.

대학원을 다닌 동부의 캠퍼스들은 완전히 새로운 곳이었다. 이는 설레는 동시에 위협적으로 느껴졌다. 암석으로 이루어진 산등성이들이 예일대 환경학 대학원과 쉽게 닿는 곳에 있었다. 대서양 해변도 캠퍼스에서 가까웠다. 굳이 뉴잉글랜드의 더 깊숙한 곳까지 갈 필요 없이, 울창한 활엽수림이 눈부시게 아름다운 가을을 선사했을 뿐만 아니라, 4월과 5월에는 파도처럼 휘몰아치는 솔새 떼를 만날 수 있었다. 언덕 가운데를 좁게 깎아 만든 철로를 따라 가죽나무에 나방 고치가 크리스마스 장식용 공처럼 걸려있었다. 예일대 캠퍼스의 돌 조각품, 나무 인형, 구리 풍향계 등을 살피다 보면 자연스레 건축과 자연사가 합쳐졌고, 그렇게 3년 동안 캠퍼스에서 총 75가지가 넘는 '종'을 발견했다.

박사 후 케임브리지와 그 근방에서 몇 년 동안 일할 때는 셋방에서 연구실까지 걸어가는 산책로를 발견했다. 3마일에 이르는 그 길은 찻길은 건지 않고 오로지 오솔길만 지났다. 겨울잠에서 깨어난 쐐기풀나비가 모습을 드러내는 쐐기풀밭이 어디이고, 어느 강가 목초지에서 종달새가 오르락내리락하는 소리가 메아리치는지 훤히 알게 되었다. 한번은 버지니아 울프가 한때 살았던 뉴햄에서 지내기도 했다. 끝자락에 자연보호구역이 시작되는 올스톤 클로즈라는 동네였는데, 이름처럼 정말 밤이면 올빼미가 울었다. 푸른 박새와 유럽 울새가 교회 묘지에 출몰하고, 칼새가 오래된 연구소와 술집 사이를 힘차게 날아갔다.

그 후에는 학자로서 수많은 학교에 초청되어 각양각색의 캠퍼스들을 만났다. 가장 많이 방문한 곳은 울창한 숲과 긴 해안선이 있는 에버그린주립대학, 도심에 들어선 포틀랜드주립대학, 백화점 거물의 사유지가 캠퍼스에 포함된 루이스&클라크 대학이었다. 독일 자르브뤼켄대학에서는 정원 사이를 잽싸게 달려가는 붉은나무발쥐를 보았고, 알래스카대학 페어뱅크스 캠퍼스에서는 4월에 만개한 커다란 보라색 할미꽃을 보며 지구 온난화를 실감하기도 했다. 개 썰매 체험을 기대했는데 상의를 벗고 프리스비를 던지는 사람들 구경만 실컷 했으니 말이다. 메릴랜드대학의 캠퍼스에서는 한밤중에 아치형 입구에 매달린 레몬색과 짙은 자색의 황제나방을 보고 감탄했다. 버지니아대학에서는 담을 두른 여러 정원 중 한 곳의 낡은 첨탑 사이에서 한 쌍의 홍관조가 구애하는 것을 보았다. 어딜 가나 악어가 흔한 플로리다 서부 해안의 작은 대학에서는 황새과의 우드스토크가 잔디밭을 활보했고, 플로리다대학 게인즈빌 캠퍼스 안에는 악어가 돌아다녔다. 최근에는 위스콘신대학 매디슨 캠퍼스에서 호수를 따라 산책하다가 수많은 반딧불이가 온통 초록과 노란색으로 빛나는 광경을 즐겼다. 대학 캠퍼스를 방문하고 돌아올 때마다 이렇게 생생한 장소의 기억이 머릿속에 선명한 이미지로 박힌다.

나는 오랫동안 대학에서 정규 교수직을 맡지 않았기 때문에 한 학교에서 매년 매일 현실적인 문제와 씨름할 필요가 없었다. 위원회나 일상적인 현실, 그것들이 지우는 부담감을 마주할 필요가 없는 떠돌이 교수였다. 그 까닭에 대학에 초빙될 때마다 짧거나 긴 현장 학습으로 여기는 것이 쉬웠을지도 모른다.

그렇지만 만약 한 학교에 장기간 근무했더라도, 어느 캠퍼스가 되었든 완전히 똑같은 방식으로 대했을 것 같다. 캠퍼스를 하나의 서식지로 보고 그곳이 교수직과 현장 실습, 즐거움을 위해 제공할 수 있는 모든 것을 긴밀하게 알려고 했을 것이다. 자기가 일하는 장소와 그런 관계를 맺는다면 일에서 느끼는 지루함과 어려움에 큰 위안이 될 테니까.

그나마 장기 교수직에 가장 가까웠던 때는 유타대학교 로건 캠퍼스에서 문예 창작 초빙교수로 일한 때였다. 2002년 봄 학기에 환경 문학 과정을 직접 개설하여 학부와 대학원 과정 학생들에게 가르쳤다. 그간 발 담그는 수준에 불과한 열대우림 지대에서 살았던 나로서는 어린 시절 이후 처음으로 로키산맥의 겨울과 갑자기 만연해버리는 봄을 만끽할 기회였다. 이번 주에는 서쪽의 산에서 스노슈잉을 하다가 다음 주에 곧바로 동쪽의 구릉을 하이킹하는 식이었다. 캠퍼스는 공동구(전화, 가스, 수도 등의 시설을 수용하기 위해 지하에 설치하는 터널-옮긴이)를 새로 설치하느라 큰 혼란을 겪었고, 전반적으로 사람의 손길을 많이 탔다. 하지만 언덕 한쪽이 반야생의 로건 캐니언 입구로 이어졌고 또 다른 쪽은 청설모가 출몰하는 수목원을 통해 시내 쪽으로 떨어졌다. 다른 부서의 생물학자들과 식물학자들에게 얻은 정보에 따라, 자홍색 맥과이어 프림로즈 같은 희귀한 식물도 보러 갔다. 제초제를 뿌리지 않은 시내의 모든 잔디밭에 보라색 프림로즈가 카펫처럼 깔릴 때 로건 캐니언에는 자홍색 프림로즈가 만개했다. 지역의 오듀본 지부에서 활동하는 훌륭한 자연주의자 제자들과 함께 이 지역 최고의 기러기목 습지를 발견하기도 했다. 나는 초대장을 보내거나 현장 학습으로 그들을 밖으로 불러내 발견을 공유하고 그들이 잊고 있었던 것들을 상기해주었다.

하지만 유타주에서의 가장 생생한 기억은 외래 침공이다. 사실, 침략자는 토착민이었다. 오히려 그들의 침략을 알아차린 학생, 직원, 교수들이 외래인이었다. '네군도단풍벌레'라는 붉고 검은색의 그 곤충은 적어도 후기 플라이스토세 이후 로키산맥의 협곡에 자주 출몰했으니까 말이다. 녀석들은 초봄에 네군도단풍나무 껍질에 알을 낳는다. 가을이 되면 수백만 마리의 네군도단풍벌레 성체가 피난처로 삼을 동굴과 속 빈 나무를 찾으려고 산에서 내려온다. 인간은 네군도단풍벌레의 활동 범위 안에 난방 시설이 있는 큰 건물을 지을 때-보통 대학 캠퍼스가 그렇다- 녀석들이 그곳을 따뜻한 동굴로 삼아도 놀라지 말아야 한다. 그런데 사람들은 그 강렬한 색깔의 작은 벌레 수천 마리가 자신의 거주지와 일터를 겨울 숙소로 선택하는 것을 보고 끊임없이 충격 받고 분노한다. 내가 유타주로 간 그해 겨울도 그랬다.

네군도단풍벌레는 내 연구실의 비효율적인 라디에이터 위쪽 구석에 군집을 이루었고 나는 학기 내내 녀석들의 존재를 즐겼다. 날이 따뜻해지기 시작하자 녀석들은 작고 밝은 금속 덩어리처럼 다른 곳을 찾아 복도로 날아갔다. 간혹 네군도단풍벌레가 누군가의 두건 속으로 날아들거나 안경 주위를 빙빙 돌아 공포와 짜증을 일으키는 모습을 보았다. 그런데 녀석들 때문에 심각한 충격까지 받는 사람이 있다는 사실을 처음 알게 된 것은 해충박멸업체가 영문과 건물과 캠퍼스 본관, 도서관에 약을 뿌렸다는 공지를 받았을 때였다. 일부 학생들과 직원들이 네군도단풍벌레 때문에 스트레스를 크게 받은 모양이었다. 특히 컴퓨터실에 유난히 많이 몰려들어 기기를 손상시키고 사람이 들어갈 수 없게 만든 건 사실이었다.

나는 어떤 약제가 사용되는지에 대한 동의나 지식 없이 근로자들을 독소에 노출시켰다는 사실에 심란해졌다. 특히 해충박멸업체가 한 달 뒤에 벌레 상태를 모니터링할 것이라고 한 점이 특히 걱정스러웠다. 그 정도면 벌레가 자연적으로 흩어지고도 남을 때인데! 업체의 기회주의와 모두의 곤충학적 무지함 사이에서 나쁜 상황이 전개된 것이다. 다행히도 많은 교수진이 미심쩍은 이유로 일터에서 치러진 고의적인 살충제 살포에 격분했다. 나는 공지에 답신을 보냈다. 벌레로 인한 피해가 정말로 심각한 곳은 청소기만으로 해결할 수 있었을 것이고, 어차피 녀석들은 곧 이곳을 떠날 예정이었던 데다, 가을에 또 돌아올 것이라는 사실을 기억해야 한다고. 해마다 유입되는 이 벌레들을 막는 유일한 방법은 건물을 밀폐하거나 로건 캐니언의 네군도단풍나무를 죄다 없애는 것뿐이다. 게다가 그 벌레들은 가까이에서 보면 매우 매혹적이고 아름다웠다. 나는 동료들에게 녀석들하고 같이 살라고, 존재를 즐기라고 조언했다. 필요하면 청소기를 돌리고.

적어도 그해 봄에는 살충제 살포를 미리 막을 수 있었다. 하지만 내가 떠나고 나면 문제가 또 불거질 것은 분명했다. 적어도 다음번에는 좀 더 이 벌레의 생태에 대해 잘 알게 된 상태로 문제에 접근할 수 있겠지. 이 사건은 인간이 인간 외 이웃에게 느끼는 단절감을 보여주었다. 대학교수들과 일터의 거리를 벌어지게 하는 특징이기도 했다.

사실 캠퍼스에 인간 외의 존재를 아예 없애거나 줄이려고 애쓰는 학교들이 많다. 예를 들어 대학 건물에서 원치 않는 거주자들을 통제하려는 시도는 살충제 살포에만 국한되지 않는다. 너무 많은 캠퍼스가 잔디와 정원에 뿌려지는 화학물질에 심하게 노출되어 있다. 잔디밭은 잔디만 단일문화를 이루어야 하고 캠퍼스 부지와 시설 관리자들은 규칙적으로 잔디밭에 제초제와 살충제를 뿌린다. 눈이 녹고 잔디가 푸르러졌을 때 근로 장학생들이 보호 장비도 전혀 착용하지 않고 여기저기 독소를 뿌리는 모습을 보고 괴로웠다. 알버슨대학에서는 반바지와 샌들 차림의 아이들이 제초제를 뿌리는 것을 보았다. 이 장면은 전국의 많은 대학에서 해마다 반복된다. 최근에는 중서부의 광활한 옥수수밭에나 어울릴 법한, 노즐이 10개나 달린 농업용 기구가 나타나 메릴랜드대학 학생들이 일광욕하고 낮잠자고 공부하고 스킨십도 하는 잔디밭에 약을 뿌리는 모습을 보고 눈이 휘둥그레졌다. 근처에서는 축구와 소프트볼 캠프가 진행되고 있었다. 경고문이 들어간 작은 노란색 깃발이 꽂혀있었지만 잔디밭이 워낙 넓어서 잘 보이지도 않았다. 클로버, 베로니카, 제비꽃, 데이지, 토종 잡초, 그것들의 꽃가루 매개체 등 매력적이고 흥미로운 것들로 가득할 수도 있었던 잔디밭이 지루하게 변해버렸다.

내 경험에 비추어볼 때, 캠퍼스 서식자 -학생, 직원, 교직원 등- 중에서 대학이라는 집을 신경 써서 돌보는 사람은 거의 없다. 야외 활동을 많이 하는 사람들조차도 시간 날 때마다 캠퍼스를 탈출해서 저 멀리 산이나 바다를 찾거나 카약을 타거나 암벽등반을 하러 간다. 흥미롭지 않은 캠퍼스에서 보내는 시간이 많으니 이해되는 일이다. 하지만 캠퍼스에서 시간을 보내는 동안만이라도 주변 환경에 주의를 기울이지 않을 이유가 뭐란 말인가.

주변 환경을 가장 가까이에서 알아본 학자들이 문학 작가들이었다는 사실은 놀라운 일이 아니다. 작가이자 생물학자였던 이들은 캠퍼스뿐만 아니라 멀리 떨어진 환경에서 관찰한 것들로 글에 양념을 쳤다. 학문을 바탕으로 한 소설 장르의 예도 다양하다. 상트페테르부르크 고원의 야생을 떠나 속상했던 블라디미르 나보코프는 케임브리지에 있는 동안 심심한 주변 환경에 별다른 관심을 기울이지 않았다. 보트 타기와 연애, 축구에만 관심을 보였다. 그러나 망명자 출신의 교수 프닌을 신랄하고 재미있게 풍자한 소설에서, 나보코프는 자신이 공부했던 캠퍼스들, 특히 코넬 캠퍼스의 모습을 상세하고 유려하게 그려낸다. 그 자신이 카메오 출연하는 장면도 있다. 프닌이 웅덩이에 모인 아름다운 파란 나비들을 보고 샤토에게 말한다. "블라디미르 나보코프가 여기 없는 게 아쉽군. 그라면 이 매혹적인 곤충에 대해 설명해줬을 텐데." 그 나비는 바로 유명한 카너 부전나비였다. 지금은 멸종 위기의 관심 대상으로 떠오른 이 나비의 학명을 지은 사람도, 작품에서 처음 묘사한 사람도 나보코프였다.

대학 입지는 항상 개인을 밖으로 이끌어야 한다. 상아탑의 울타리를 넘어 세속적인 구역으로 나아갔다가 모든 생물이 그러하듯 제자리로 돌아온다. 결국 인간은 동물적 경계심과 생태학적 능숙함을 안락과 안전을 위해 버린 유일한 종이니까(이것이 인간과 다른 종의 진정한 차이점일지도 모른다).

그걸 어떻게 조금이라도 되돌릴 수 있을까? 가르치는 학문과 관계없이 매일매일 좀 더 나은 자연주의자가 되면 된다. 헌신적인 새 관찰자나 식물학자가 되라는 것이 아니다. 조금씩 알아가는 열린 마음을 가져야 한다는 것이다. 이는 학부를 넘어 동식물 이웃까지 알아가려는 의지다. 무엇보다도, 존 파울스가 "무지에서 비롯된 경멸"이라고 멋지게 표현한, 반지적·반공동체주의에 대한 적극적인 저항이다. 엄청나게 똑똑한 사람들이 자연에 대해 잘 알지 못하고 심지어 자연이나 자연에 관심 많은 사람에게 경멸을 드러내는 것을 보면 놀랍기 짝이 없다. 존 파울스가 1977년 발표한 한 소설에서 누군가 이렇게 묻는다. "왜 내가 이곳을 사랑한다는 것으로 충분하지 않은 거지? 정확한 이름이나 무서운 과학 용어까지는 알고 싶지 않은데." 그러자 주인공이 답한다. "무지에서 비롯된 경멸을 정당화해서는 안 되기 때문이지. 그게 어떤 것이든." 정말 맞는 말이다.

대학이라는 장소와 이어지기 위해서는 걷는 것보다 더 좋은 것이 없다. 소로우가 동명의 에세이에서도 말했듯이 여기에서

'걷기'란 놀랄 일만 빼고 별다른 기대를 품지 않은 상태로 한가로이 걸어 다니는 것을 의미한다. 핸드폰에 대고 소리 지르거나 강의 노트를 가져왔는지, 저녁 메뉴는 무엇인지 생각하면서 강의실로 미친 듯이 달려가는 게 아니다. 계절이 바뀔 때마다 근처를 한가로이 거닐면서 떠오르는 질문에 대해 생각해보는 것이다. 개잎갈나무에 앉아있던 거대한 비둘기들은 뭐지? 저 정신없이 날뛰는 청설모들은 어디서 왔을까? 온실 뒤쪽에 난 버섯은 먹을 수 있나? 이렇게 주변을 둘러보며 질문을 떠올리면 다른 학과들과의 대화도 늘어나고 가끔은 시를 쓰고 싶어진다거나 연상적인 통찰로 이어질 수 있다.

나는 소리와 냄새가 더욱더 생생해지고 북적거리는, 한적한 밤의 캠퍼스 걷기를 좋아한다. 최근 여름에 위스콘신대학교 매디슨 캠퍼스에서 긴 밤마실을 즐기다가 11시를 알리는 종소리가 울리기 직전, 종탑 옆에서 보스턴 담쟁이덩굴이 가벼운 바람에 마치 초록색 파도처럼 흔들리는 것을 보았다. 고딕 양식으로 지어진 대학 건물의 그림자, 스테인드글라스 조각, 온실 야자나무, 교배 전의 영장류들이 모두 낮과 전혀 다른 모습으로 보였다. 풀 뜯는 작은 솜꼬리토끼에서 그리 멀지 않은 곳에 있는 야윈 검은 고양이는 눈앞에서 저녁거리를 해결하거나 아쉽게도 놓치거나 할 터였다. 나는 덩치 큰 수컷 동물이라 밤에 혼자 나다니기에 이점이 있다. 그래도 지나치게 말이 많지만 않다면 몇몇 무리와 함께 다녀도 한밤의 산책을 망치지는 않을 것이다.

결국 나에게 대학이라는 장소와 이어진다는 것은 학구적인 환경에 진정으로 관심을 기울인다는 것을 의미한다. 그렇게 하는 사람이 거의 없는 것 같아서 슬프기도 하고 심란하기도 하다. 이상하게도 자칭 "진정한 생태학자"라는 사람치고 정말로 자연사에 조예 깊은 사람은 별로 보지 못했다. 분명히 그들은 훌륭한 토론식 수업을 진행하겠지만 대부분은 야생에서 한 달 동안 살아남지 못하고 학생들을 자연으로 데리고 나가는 산책을 이끌지도 못한다. 마찬가지로 내가 아는 많은 환경문학 연구가, 친환경 여성학자, 친환경 철학자들도 자신의 뒷마당을 무시하는 경향이 있다. 분자생물학자는 말할 것도 없고, 장소 기반 학문을 가르치는 교수들 중에서도 연구실 밖의 식물이나 동물 이름을 5개도 대지 못하는 경우를 많이 보았다.

내가 이런 사실을 고발하는 이유는 비난이라기보다는 초대의 의도가 크다. 교수라는 직업은 캠퍼스 본관을 벗어나 대지와 친해질 것을 요구하지도 않고 그런 친밀감을 보상으로 주지도 않는다. 그렇다고 한 달 동안 벌거벗고 황야로 들어갈 필요까지는 없다. 캠퍼스 자연으로의 초대에 기쁜 마음으로 응하면 될 일이다. 문학이나 장소의 의미에 관심 있지만 일터의 생물이나 물리적인 요소를 무시하는 사람은 영감과 기초 교육, 권위, 평온, 위안, 물리적이고 지적인 자극, 정신적 구원, 재미, 때로는 무아지경의 방대한 보고를 놓치는 것과 같다. 무엇보다도 현실 세계에 대한 관심을 놓치는 것이다. 자신이 위치하는 곳에 관심을 기울여야 그 사람이 장소에 대해 하는 말들도 훨씬 의미가 커지고 중요해진다. 내 경험상 캠퍼스에 대해 잘 알면 강의와 연구, 글쓰기, 참여, 웰빙에 극적인 변화가 일어날 수 있다.

마지막으로, 장소에 해로운 영향을 끼치는 것들을 연구하는 학문 분야의 종사자들은 자신이 살고 연구하고 가르치는 지역에 대해 알아야 할 책임이 있다고 생각한다.

여담이지만, 아내 테아의 항암치료가 진행되던 1년 동안 워싱턴대학에 가볼 기회가 여러 번 있었다. 30여 년 전에 훤히 꿰뚫고 있던 구석구석을 다시 볼 수 있었다는 뜻이다. 빌 게이츠와 폴 앨런의 풍부한 자금줄을 자양분 삼아 생겨난 새로운 건물들 사이를 헤치고 예전에 즐겨 찾았던 곳들로 가보았다. 대학 건물의 높이와 덩치가 급격하게 커져 학문 마을보다는 도시가 되어있었다. 당연히 예전 그대로인 서식지도 줄어들었다. 가령, 내가 가장 좋아했던 새들의 숲이 사라지고 로스쿨이 들어섰다. 하지만 부쩍 노쇠해진 마드로나 나무밭부터 새롭게 부활한 허브 정원까지 아직 제자리를 지키고 있는 것들도 많았다. 당시 철로였지만 지금은 시애틀 중부를 에워싼 수 킬로미터 구간의 길을 따라 가을로 물든 캠퍼스를 한 바퀴 빙 돌았다. 겨울비가 내리던 날에는 거대한 대학원 열람실 스잘로 도서관을 찾았다. 최근에 내진 보강 공사가 있었지만 그래도 여전히 내가 아는 최고의 열람실이었다. 스테인드글라스에 그려진 보라색 다람쥐가 변함없이 근처의 비밀 계단을 지키고 있었다.

봄에는 포트게이지만 해변을 일주했다. 습지와 고속도로, 기숙사, 연어가 산란하는 웅덩이와 자작나무 숲을 거쳐 수산해양

학과와 유아교육학과 건물을 지났다. 여전히 만과 해변에는 물닭과 쇠청다리도요사촌, 부들밭에는 흰등굴뚝새가 많았고, 안나 벌새 수컷의 걸걸한 구애의 울음소리가 울려 퍼졌다. 해 질 무렵 병원으로 돌아갈 때는 낮의 매연 대신 바닷가에서 풍기는 서양산수유나무의 강렬한 냄새를 맡았다. 그리고 테아가 영면에 들었을 때는 서향나무의 짙은 달콤한 향기가 다시 밖으로, 캠퍼스로 돌아온 나를 반겼다.

"매일 물질을 보고 접촉하라.

돌, 나무, 뺨에 닿는 바람, 단단한 흙을!

실제 세계를! 상식을!

접촉하라! 접촉하라!"

_헨리 소로우, 사상가

여덟 번째 이야기

그것은
처음부터
끝까지
비버의
이야기였다

존 제이콥
애스터
1세의
서부 개척과

모피 사업
기록을
접하며

오리건주의 애스토리아는 유럽인들이 정착했던 서부의 항구 도시로, 존 제이콥 애스터란 인물에게서 이름을 따왔다. 존 제이콥 애스터는 모피 무역에서 시작해 부동산 투자로 부를 축적한 미국 최초 재벌 중 하나다.

오리건주 애스토리아의 한 신문사에서 애스토리아 200주년을 맞이해 그곳에서 가장 중요한 인물들을 기념하는 책을 펴냈다. 나는 기고 부탁을 받고 어떤 인물이 남아있느냐고 물었다. 남은 인물이 없었던 관계로 애스터를 맡겠다고 했지만, 그에 대해서 잘 알지는 못했다. 그때부터 연구와 독서를 했고, 그렇게 탄생한 에세이가 거의 단편 소설 분량에 이르렀다. 여기에서는 존 제이콥 애스터가 서부 개척에 끼친 영향과 비버와의 연관성에 대해 복잡한 녹색 세계의 생존 가능성에 중점을 맞추어 좀 더 짧게 수정했다.

나는 지금 뉴욕 퀸스의 애스토리아에 있다. 내가 이곳을 찾은 것은 오리건주에서 가장 오래된 도시와 이름이 똑같은 장소를 잠깐이나 엿보고 싶어서다. 변두리 공항 모텔에서 마지막 밤을 보냈기 때문에 비행기를 타기 전에 잠깐 둘러볼 시간은 충분했다. 공항 식당에서 녹색 피망과 양파가 들어간 맛있는 오믈렛을 먹은 후, 거대한 세인트 마이클 공동묘지 맞은편에서 버스를 타고 대로를 따라 애스토리아 공원으로 갔다. 미국풍나무와 마른 풀이 트라이보로 다리와 기차 전용 헬 게이트 다리 사이의 해안선을 따라 늘어서 있었다. 자주색 철제 아치와 하얀 석회석 기둥으로 이루어진 헬 게이트 다리는 뉴욕 이스트강의 헬 게이트 해협에서 따온 이름이다. 이 해협은 오래전 항해자들에게 위험천만한 곳이었기에 그런 이름이 붙었다고 한다.

퀸스의 애스토리아와 오리건주의 애스토리아, 두 도시의 공통점은 빅토리아풍의 겉모습과 하구 근처에 다리가 있는 큰 강이라는 모호한 유사점을 초월한다. 서로 3천 마일이나 떨어져 있지만 두 애스토리아는 똑같은 남자의 이름에서 나왔다. 둘 다 그의 탁월한 영향력과 야망, 장사꾼으로서의 열정과 감각, 거대한 탐욕 덕분에 존재할 수 있었다. 하지만 대륙의 정 반대편에 위치한다는 차이점보다도 거대한 무언가가 이 두 도시의 이야기를 갈라놓는다.

초창기 미국 이주의 역사를 떠올리면, 뉴욕 이스트강 헬 게이트 해협의 개발은 불가피했다. 하지만 서부의 오리건주 컬럼비아 강어귀는 워낙 먼 곳이라 앞으로 수십 년 동안 정착지가 될 가능성이 적었다. 오리건주 애스토리아가 북서부의 첫 번째 도시가 되지 못할 수도 있었다는 이야기다. 애스터의 계획이 조금만 잘못되었더라면 서부에는 애스토리아가 아예 생기지 않았을지도 모른다.

존 제이콥 애스터 1세는 그의 후손들과 달리 부유하게 태어나지 못했다. 그는 1763년 7월 17일 당시 독일의 100개 도시국가 중 하나였던 바덴의 변두리에 있는 월도프에서 태어났다. 아버지 요한 야코프 아스토는 도축업자였다. 아버지와 똑같이 요한 야코프라고 이름 붙은 막내아들은 숫자에 밝고 손재주도 뛰어났다. 도축업도 빨리 배웠다. 불만은 없었지만 그 일을 좋아한 것도 아니었는데, 다행히 지역 학교의 교장과 목사가 그를 위해 나서주었다. 그들이 아버지를 설득한 끝에 막내아들 요한은 영국에 사는 조지 형에게 가는 것을 허락받았다. 영국에서 이름을 바꿔 존 제이콥이 된 그는 형으로부터 플루트를 만들고 파는 법을 배웠고, 1778년에는 형 조지와 존 애스터라는 회사를 차렸다. 얼마 후 존은 미국으로 이주한 또 다른 형 헨리가 잘 살고 있는지 궁금해졌다. 그래서 트렁크에 플루트를 잔뜩 싣고 1783년 11월에 볼티모어로 향했고, 곧이어 플루트를 몇 개 팔아 번 돈을 주머니에 넣은 채 뉴욕행 마차를 탔다. 뉴욕에 도착한 그는 더 이상 도축업을 하면서 살고 싶지 않다는 사실을 깨닫곤 다른 일거리를 찾았다. 처음에는 제빵사 밑에서 일하기 시작하다가, 곧 모피 만드는 일에 빠져들었다. 모피에 대한 평생의 집착은 이때 시작되었다.

뉴욕에 도착한 지 1년 반 만에 존 제이콥은 모피 위탁판매와 악기 재입고 그리고 영국산 피아노 수입 독점 사업권을 얻기 위하여 런던으로 돌아갔다. 대서양을 횡단하는 무역의 매력은 커져만 갔다. 그의 무대가 점점 넓어지고 있었다. 존 제이콥은 예술적 의미에서 몽상가는 아니었지만 처음부터 야망이 컸다. 그는 어떤 사업을 시작하고 어떻게 키워야 하는지, 언제 적극적으로 실행에 옮겨야 하는지를 잘 알았다. 새로운 땅에는 돈벌 기회가 많았다. 그리고 사라가 있었다. 사라 토드는 집주인의 딸이었다. 사라와 결혼한 존 제이콥 애스터는 사라 어머니의 집 뒤쪽에 있는 셋방에 간소하게 살림을 차렸다. 애스터는 가까운 북쪽에서 생가죽을 얻으려고 허드슨강 통행권을 얻었고, 그렇게 신혼부부는 본격적으로 사업을 시작했다.

애스터는 수익성 좋은 변경지대의 모피 밀거래에 적극적으로 뛰어들었다. 프랑스와 영국 중개상들과 친해졌고 경쟁 상대인 북서부와 허드슨만 모피 회사들의 방식을 연구했다. 원주민들과 노래를 좋아하는 프랑스계 캐나다인들의 환심을 사려고 마을이나 변경의 술집에서 플루트를 꺼내기도 했다. 그는 비버와 담비, 밍크 같은 동물의 가죽을 하류로 가져가 런던에 팔았고, 자신의 새로운 도시에 수익을 투자했다. 모피 사업의 마진은 900%를 훌쩍 넘겼다. 경험이 늘어날수록 그의 계획도 커졌다. 동부와 북서부에는 이미 모피 무역이 성행해 그 지역의 모피 동물이 줄어들고 있었지만, 미국은 큰 나라라 더 멀리, 더 강력하게 밀어붙이려는 사람에게는 한계가 없었다. 1806년에 이르러 애스터는 맨해튼 전역의 부동산에 투자했고, 미국에서 가장 큰 부자이자 최초의 백만장자가 되었다.

도시에 산더미처럼 쌓였던 모피와 교역소, 범선은 사라진 지 오래다. 이제 남은 흔적을 찾으려면 자세히 들여다보아야만 한다. 가령 지하철이 있다. 뉴욕시 81번가에 있는 웨스트사이드 지하철역에 들어서면, 터널 벽의 세라믹 타일에 새겨진 기다란 자연사 몽타주를 볼 수 있다. 거기엔 몇몇 모피 동물들이 포함되어 있다. 또 애스터 플레이스 전철역에서는 플랫폼 벽에서 테라코타로 만든 비버 군락을 만날 수 있다. 애스토리아의 상징으로 비버보다 더 적합한 것이 과연 있을까? 애스토리아의 부는 털이 벗겨진 비버의 등 위에 쌓인 것이나 다름없으니 말이다.

강에서의 모피 무역은 애스터의 제국을 오하이오와 인디애나, 일리노이, 미시간, 위스콘신 그리고 미네소타 일부까지 확장시켰다. 이제 애스터 1세는 구 북서부에 완전히 발판을 다졌다. 대형 모피 회사들의 경쟁은 점점 치열해졌고, 이들은 세인트루이스를 넘어 모피 사냥과 무역을 했다. 접근하기 쉬운 모피 동물들은 이미 심하게 착취되었기 때문에, 새로운 지역을 개척할 필요가 있었다. 그래서 1809년, 애스터는 40만 달러를 투자해 파트너 몇 명과 함께 퍼시픽 퍼 컴퍼니를 설립했다.

몇 년 동안 무역선 몇 척이 서해안을 찾아 원주민들과 거래를 했다. 많은 보스턴 상인들이 가공품과 수달 가죽을 거래하기 위해 태평양 연안으로 올라가 남아메리카 주변을 항해했고, 그들은 그것을 중국으로 가져가 비단과 향신료, 차와 교환한 뒤 보스턴에서 수익을 올렸다. 애스터는 중국 무역이 대륙의 모피 무역보다 더 수익성이 좋다는 사실을 깨닫고 두 가지를 합치는 방법을 모색했다. 결국 오리건주 컬럼비아강 어귀에 거대한 모피 기지가 탄생하게 된다.

이 모든 일의 근본적인 핵심을 파악하려면 오리건주 애스토리아에 있는 탑으로 가서 벽의 외관을 장식한 벽화를 살펴보면 된다. 그 벽화에는 애스터가 있고, 그들을 받아준 원주민들과 퍼시픽 퍼 컴퍼니의 핵심 인물들이 있다. 그리고 좀 더 자세히 살펴보면 탑의 아래쪽에서 애스토리아를 묘사한 이 벽화의 진짜 존재 이유가 보인다. 바로 비버다. 그렇게 웃기게 생긴 비버는 처음 볼 수도 있고 벽화를 그린 이탈리아인 화가가 과연 비버를 본 적이나 있는지 의심스러워질 수도 있다. 하지만 비버가 맞다. 말은 없지만 너무도 고통스럽게 모피라고 말하고 있는 그 비버들은 존 제이콥 애스터의 꿈을 상징한다. 서부의 모피를 장악하고 맨해튼과 오대호Great Lakes(북아메리카 대륙의 동부에 있는 서로 연결된 호수들-옮긴이), 아시아를 하나의 거대한 사업과 수익의 동그라미로 묶는 것.

훗날 애스터는 서부의 모피를 차지하기 위해 각각 육로와 바다로 두 팀의 탐험대를 파견했다. 인재를 알아보는 눈이 없었던 애스터는 제멋대로의 대원들을 이끌 사람으로 엄격한 해군 출신의 조너선 손 선장을 뽑았는데, 그에겐 매너도 존중심도 없었다. 모두에게 비극적인 일이었다. 조너선이 모피를 눈앞에 던지자 원주민들이 칼을 꺼내 들었고, 이에 그는 탄약고를 터뜨려 배에 올라탄 원주민들을 전부 죽인 것이다. 육로 탐험대도 결과가 좋지 않았다. 얼마 남지 않은 대원들이 기지에 합류했지만 상태는 참혹했다. 구조선이 늦어지자 기지 책임자 맥두걸은 영국-캐나다의 모피 회사 노스웨스트 컴퍼니에 애스토리아의 작업장을 내어주고 말았다. 노스웨스트 컴퍼니는 즉시 애스토리아의 이름을 조지 기지로 바꾸었다.

애스터는 국무장관에게 애스토리아가 해군의 보호를 받을 수 있게 해달라고 간청했다. 먼로는 원칙적으로 동의했지만 결과적으로 잘되지 않았다. 1814년 미국-영국 전쟁이 끝나고 겐트 조약에 따라 퍼시픽 퍼 컴퍼니는 애스토리아의 소유권을 되찾았다. 이론상으로는 말이다. 그러나 실제는 달랐다. 이미 노스웨스트 컴퍼니가 컬럼비아강의 모피를 확고하게 차지하고 있었고, 조약 내용에 따라 앞으로 20년 동안 미국과 영국의 무역상 모두가 똑같이 서부 해역에 접근할 수 있었기 때문이다. 노스웨스트 컴퍼니를 쫓아내줄 사람은 아무도 없었다. 애스토리아를 잃은 것은 동명의 설립자가 겪은 가장 큰 좌절이었다. 수많은 생명은 물론이고 막대한 재산과 자존심, 깊은 실망이라는 대가를 치러야 했다. 하지만 그 과정에서 희생된 동물의 숫자는 인간의 숫자와 비교도 되지 않는다.

콜로라도에서 보낸 어린 시절, 나는 산사람과 모피 사냥꾼에 대한 오래된 책들을 열심히 읽었다. 나만의 역사학자 할머니로부터 받은 선물이었다. 특히 책 뒷면에 실린 광고가 나를 매료시켰다. "정부 소속 사냥꾼이 되어 위대한 야외에서 자유로운 모험의 삶을 살아라." 곧장 콜로라도에 서식하는 모피 동물에 관한 무료 팸플릿과 사향쥐 및 스컹크 사냥 설명서를 신청했다. 가짜 너구리털 모자도 썼다. 하지만 산의 습지에서 비버를 처음 보았을 때, 비버 자체에 매혹되어 모피 사냥꾼에 대한 낭만적인 생각은 뒷전으로 물러났다. 나는 모피 사냥꾼의 덫이 뭘 하는지 알게 되었고 동물의 가죽은 동물의 몸뚱이에 붙어있어야 맞는다는 것을 깨달았다. 존 제이콥 애스터와 그의 도시를 생각할 때, 우리는 다리 끼는 족쇄 덫과 올가미에서 그를 대신해 비참하게 죽은 수많은 동물을 잊지 말아야 한다. 이런 끔찍한 빚을 진 것은 애스토리아만이 아니다. 그 시대에 모피는 변경의 화폐였으니까.

퍼시픽 퍼 컴퍼니가 해체된 후, 애스터와 그의 아들 윌리엄 백하우스는 아메리칸 퍼 컴퍼니를 설립했고, 이 기업은 수십 년 동안 무역을 지배하게 된다. 그들의 이야기는 뉴욕역사학회에 소장된 붉은색의 크고 빳빳한 세 권의 책에 요약되어 있다. 그것을 훑어보는데 이런 내용이 많았다. "계절이 들소 가죽 판매를 도와주지 않는다", "슈페리어호 가죽이 모두 도착했다. 북부쪽 물량에 비버, 수달, 사향쥐는 부족하지만 담비, 스라소니는 많다." 혹시 저 두꺼운 책에서 애스터의 따뜻한 마음씨를 보여주는 내용도 찾을 수 있을까 했는데 허사였다. 심지어 가장 가까운 사람들에게 보내는 편지도 전부 다 돈과 관련된 이야기일 뿐이었다. 사랑하는 사람들에게 쓴 편지보다 모피 보고서에서 사슴 가죽과 들소 로브, 비버와 담비, 스라소니와 밍크 가죽에 관한 우여곡절을 이야기할 때 더 뜨거운 열정이 엿보였다.

어쨌거나 시간이 흐르면서 모피 산업은 점점 저물어갔다. 남성용 중절모에 비버 가죽 대신 실크가 사용되었다. 비버의 개체 수가 줄어들고 산사람들도 줄어들었다. 들소 떼는 머지않아 사라질 위기였고 해달과 콘도르는 이미 컬럼비아강에서 찾아보기 어려웠다. 원주민 국가들은 질병과 술, 총, 백인들 때문에 무너지기 시작했다. 한때 뱃사람들이 조용히 노를 저었던 곳에서 증기선이 칙칙거리며 연기를 내뿜었다. 야생은 점점 더 인간들로 붐비고 수익성은 희박해졌다. 그렇게 모피의 꿈이 끝나자, 존 제이콥 애스터는 1834년에 아메리칸 퍼 컴퍼니를 팔고 모피 사업을 접었다.

그는 편안한 노후를 즐겼다. 하지만 아무리 바쁘게 지내도 그의 마음에서 애스토리아가 지워지지 않았다. 실제로 일어난 일과 일어날 수도 있었던 일이 자꾸만 떠올랐다. 그는 그 이야기들이 자신에게 유리한 쪽으로 전해지기를 원했다. 그래서 당시의 가장 유명한 작가 워싱턴 어빙에게 자신의 집으로 와서 책을 써달라고 부탁했다. 그 책이 바로 《애스토리아 : 또는 로키산맥 너머의 사업 이야기》다.

어빙은 애스토리아 프로젝트의 실타래 같은 이야기를 다소 심하게 너그러운 태도로 풀어냈다. 그 까닭에 어빙의 책에선 찾을 수 없지만 사업 장부에서는 쉽게 찾을 수 있는 유산이 있다. 바로 그의 거대 사업에 희생된 수많은 생명이다. 1815년부터 1830년까지 들소 39만 마리와 비버 37만 5천 마리가 희생되었다. 그 외 다른 종들도 많다. 애스터의 모피 사냥은 원주민들을 망가뜨리고 모피 동물들에게 너무도 큰 잔인함을 보였다. 애스터 혼자만의 책임은 아니었다. 그가 자주 내세운 주장이기도 하지만 그는 다른 사람들이 하는 일을 했을 뿐이다. 하지만 그 누구보다 훨씬 더 많이, 더 적극적으로 했다.

애스터는 탐욕스러운 권력과 무제한적인 자본 확장이 맹목적으로 합쳐지면 어떤 해로운 결과가 나타나는지 잘 보여주는 최초의 미국인이다. 매니페스트 데스티니Manifest Destiny(1840년대 미국의 영토 확장주의를 정당화한 말-옮긴이)라는 유용한 수단과 후원자 제임스 먼로의 거대한 자만. 애스터는 모든 착취자들의 선구자였다. 자유방임주의와 자수성가를 사랑하는 국가의 기준으로 보자면 애스터는 토머스 제퍼슨이 한때 그를 칭했던 것처럼 정말로 "가장 훌륭한 인간"이었다. 하지만 관용, 인도주의, 자비, 지속가능성, 절제, 덜 원하고 더 많이 보존하는 것 등 우리가 본받고 싶은 현대적 기준으로 볼 때는 그렇지 않다.

오늘날, 두 애스토리아의 아무 선착장이나 해안가의 벤치에 앉아서 주변의 풍경을 바라본다면, 처음 애스터가 꿈꿨던 제국에 비해 여전히 부족할지도 모른다. 늦더위가 찾아온 가을날, 나는 해가 지기 전 술집 테라스에서, 수산시장과 최고의 전망을 자랑하는 해안에서, 가마우지와 갈매기가 위아래로 홱홱 움직이는 것을 본다.

하지만 우리는 고개를 돌려 언덕 너머의 탑을 봐야 한다. 아래쪽에 비버가 그려진 탑. 그것이 무엇을 나타내는지도 기억해야 한다. 만약 이 도시의 성격이 완전히 위협적으로 변해버린다면, 고층 호텔과 콘도가 해안선을 파괴하고 이윤 추구적인 거대 기업이 강의 건강과 안전을 위태롭게 한다면, 그때는 이름과 너무도 잘 어울리는 곳이 될 것이다. 꽃의 이름 같지만 알고 보면 돈의 이름인 애스토리아 말이다.

반대로 이곳 강어귀가 다시 비버들로 북적거리고, 공기와 물, 널찍한 공간이 다른 지역으로부터 질투를 받게 된다면, 그땐 건설자의 이름을 전혀 다른 마음으로 받아들일 수 있을 것이다. 탐욕과 자만심으로 인해 가진 것을 전부 빼앗길 수도 있으니 최선을 다해 소중하게 여겨야 한다는 사실을 일깨워줄 테니까. 이제 나는 애스토리아 탑의 밑바닥에 그려진 우스꽝스럽게 생긴 비버들을 볼 때마다 이 사실을 떠올린다. 애스토리아는 처음부터 끝까지 비버의 이야기였다.

"우리는 다른 생명체들과
삶을 공유하는 장소를
열심히 찾아나서야 한다."

_존 헤이, 자연철학자

아홉 번째 이야기

야생의 멸종

어디까지 야생인가,

거대한 연속체로서의 야생에 대하여

2014년, 콜로라도주에 사는 한 친구가 작가와 사회 운동가들의 모임을 열었다. 주제는 ‘상대적인 야생’이었고 동명의 책을 내자는 제안까지 나왔다. 나는 서론을 써달라는 부탁을 받았다. 하지만 훨씬 더 많은 분량의 글을 썼고 그 에세이는 책의 첫 번째 장을 장식했다.

내가 이 에세이에서 말하고 싶은 핵심은 이렇다. 사람들은 야생과 야생이 아닌 것을 이분법적으로 나눠서 생각하는 경향이 있다. 하지만 야생은 저 멀리 있는 무언가가 아니다. 헨리 데이비드 소로우의 말처럼, 우리는 우리가 발을 딛지 않은 곳에서 여유롭게 풀을 뜯는 생명이 존재한다는 사실을 목격해야 한다. 동시에 인도의 갈라진 틈에서 자라난 꽃과 이끼처럼, 가장 압축적이고 기본적인 형태의 야생 감각도 잃어버려선 안 된다.

코넌드럼 온천은 고산의 요정 나라 같은 콜로라도의 마룬 벨즈-스노매스 야생원시지역에 있는 온천이다. 꽃들이 가득한 고산 초원지대에 위치한 이 아담한 온천은 해발 11,200피트에 자리 잡고 있기 때문에, 어느 코스를 이용하든 상당히 오래 하이킹을 해야 만날 수 있다.

나는 1970년대 중반에 로키 마운틴 생물학 연구소에서 아스펜까지 하이킹 하다가 코넌드럼을 알게 되었다. 그때만 해도 온천의 상태가 좋았고 온천의 효능을 누리려고 몸을 담그는 사람들로 붐비지 않았다. 하지만 인기가 높아지면서 변해버렸다. 아스펜에서부터 먼 거리를 걸어 올라오는 주말 행락객들이 점점 늘어났다. 인터넷에 뜨는 사진을 보면 여전히 예쁘고 완전히 망가지진 않았지만, 어깨를 대고 다닥다닥 붙어있는 사람들을 보면 아이슬란드에 있는 블루 라군 온천을 방불케 한다. 미국 산림청은 이 민감한 지역을 보호하기 위해 탐방객 숫자와 야영에 여러 통제를 가해야 했다. 상대적으로 보자면 코넌드럼 온천은 여전히 야생이다. 하지만 예전보다는 덜해졌다.

'야생'이란 단어는 사람마다 다른 의미를 지닌다. 사랑하는 무언가, 잘 모르지만 이해하려고 노력하는 것, 혹은 갈망이나 두려움, 분노, 기쁨을 느끼는 무언가를 상징할 수 있다. 높이거나 깎아내리거나 칭찬하거나 비난하고 싶은 어떤 상태, 독설을 퍼붓거나 적극적으로 찬성하고 싶은 상태일 수도 있다.

탐욕스러운 현대 문화의 맥락에서 볼 때 여기에서 가장 큰 수수께끼는 이것이다. 자연과 야생이 어느 정도까지 그리고 어떻게 인간을 포함할 수 있는가? 수수께끼는 원래 답을 알 수 없으므로 이 문제도 그럴지 모른다. 하지만 이 문제에 관심을 기울이는 사람이 많으니 적어도 살펴볼 가치가 있겠다.

코넌드럼 온천은 인구 증가와 레크리에이션의 발달로 점점 더 붐비게 된 다른 수많은 특별한 장소들과 다르지 않다. 그러나 이 온천이 운 좋게도 연방정부가 지정한 야생원시지역에 포함되지 않았다면, 걸어서가 아니라 지프차와 트럭, 오토바이를 타고 온 사람들로 더욱 들끓었을 것이다. 실제로 이곳에서 조금 떨어진 컴벌랜드고원 주변은 ATV가 고산 툰드라를 모조리 황폐화시켰다.

우리가 야생으로 여기는 곳 대부분이 예전에는 사람이 살던 곳이었다. 최근 이런 사실들이 속속 밝혀지고 있는데, 예를 들어 인디언 피크스 야생원시지역 고지대에서는 원주민들이 거주했었다는 증거를 잔뜩 발견하기도 했다. 이 야생은 인간이 계절과 고도에 따라 이동할 때 요긴하게 사용된 것이 틀림없다. 이동 과정에서 치유를 위해 코넌드럼 온천에도 들렀을 것이다. 이미 사라진 지 오래인 그들이 자연에 끼친 영향은 ATV에 비하면 미미한 정도겠지만, 어쨌거나 이런 역사적 사실을 뒤로하고 이쯤에서 생각해보자. 저 멀리 있는 야생을 어디까지 개방해야 할까? 늑대들에게만, 아니면 가끔 사람에게도, 아니면 온갖 현대적 차량과 욕구를 가진 모든 사람?

다행히 대부분의 땅은 이것 아니면 저것이라는 식으로 생각할 필요가 없다. 국유림은 설계나 슬로건에서나 "여러 가지 용도가 있는 땅"이다. 공식적으로 지정된 야생원시지역도 그런 많은 용도 중 하나일 뿐이고, 인간은 다른 모든 땅에 충분하게 수용된다. 그런 땅에 벌목이나 채굴, 방목을 하든 구멍을 뚫든 야생이 아예 없어지는 것도 아니다. 사실 야생은 훨씬 더 깊은 부분까지 침투한다. 도시 인도의 갈라진 틈까지. 야생인가, 야생이 아닌가의 구분은 중요하지 않다. 사람을 자기 밖으로 데려가 준다는 의미의 '야생'은 하나의 거대한 연속체에 놓여있는 개념이다. 숫자가 아니라 일상과 차별화되는 정도에 따라 눈금이 매겨진다. 이 사실이 왜 놀랍게 다가올까? 성격, 예술과 기술, 반사회성, 인종, 아름다움과 추함, 성별 등 흑백 사고나 양자택일의 관점으로 보였던 수많은 특징이 사실은 연속체로 존재한다는 것을 알게 되었기 때문이다. 정직하게 살펴보면 이원론과 이분법은 대부분 그 경계가 모호하다.

내가 야생의 개념을 이런 증감제로 생각하게 된 것은 어린 시절 동네 모퉁이의 흥미로운 그루터기에서 출발한다. 어머니와 함께 유치원으로 걸어가는 동안 나는 매일 그루터기 옆에서 멈추곤 했다. 딱정벌레를 찔러보기 위해서였다. 그루터기가 제거되었을 때는 무척 슬펐다. 아직 어려서 혼자 돌아다닐 수 없으니 집 뒷마당이 나의 큰 세상이었다. 곧 하이라인 운하로 행동반경을 넓혔다. 그것은 그레이터 덴버를 가로지르는 관개용 도랑으로, 로키산맥의 가장자리의 플라테 강어귀의 물을 현재의 덴버 공항 근처의 평지로 날라주었다. 도랑을 처음 만났을 때 나는 산을 사랑하지만 산에서 너무 멀리 떨어져 사는 소년이었다. 덴버의 동쪽에 살았기 때문에 캔자스로 가야만 로키산맥에 접근할 수 있었다. 하지만 오래된 도랑으로 가면 내 짧은 다리와 긴 낮 시간이 허락하는 한 주거 지역을 벗어날 수 있다는 사실을 발견했다. 그곳에서 뱀눈나비, 멋쟁이나비, 주홍부전나비, 팔랑나비 같은 나비들을 배웠다. 산에 사는 나비들이 생태 통로인 운하를 따라 평지로 내려온다는 것도 알게 되었다. 서쪽으로 도시를 지나 구릉지대 쪽으로 걸어갈수록 야생의 다양한 종이 자랐다. 나비들에 이끌려 혼자 가파른 산등성이를 넘어 인디언 피크스까지 갔을 때는 진짜 야생이 무엇인지 알게 되었다.

나는 야생보호법이 통과된 해에 그 법이 보호하려는 고산의 야생 지대에 갈 수 있는 기동성을 얻었다. 그 후 반세기 동안 콜로라도 프론트산맥의 비어스태드산에서 알래스카의 브룩스산맥까지, 하이 시에라에서 히말라야까지, 페나인산맥에서 파미르고원까지, 돌로마이트산맥에서 다크 디바이드까지, 파푸아뉴기니의 아스트롤라베산맥에서 중국 산시성의 친링산맥까지, 아이슬란드 남동쪽의 바트나이외쿠틀까지, 전 세계 구석구석의 깊숙한 야생 지역을 찾아다녔다. 인간이 장악한 야생도 있고 그렇지 않은 곳도 있었다. 무엇보다 그때 나는 소로우의 말을 굳건히 믿었다(지금도). "자연은 아무리 많아도 충분하지 않다. 우리는 우리의 한계가 무너지고 우리가 발을 딛지 않은 곳에서 여유롭게 풀을 뜯는 생명이 존재한다는 사실을 목격해야 한다."

하지만 그렇다고 해서, 가장 압축적이고 기본적인 형태의 야생 감각을 잃어버린 건 아니다. 인도의 갈라진 틈에서 자라난 이끼와 꽃, 덴버 후면의 오래되고 볼품없는 도랑, 나를 비롯한 학생 환경보호자들이 지켜낸 대학 캠퍼스의 늪지. 글레이셔 피크 야생원시지역을 지키려는 행진 시위에서는 손에 나무를 든 수백 명을 앞에서 이끌며 전율을 느꼈다. 우리는 캠퍼스의 늪지로 행진해 주차장 건설 계획을 취소하고 원래의 서식지로 남겨야 한다고 주장했다. 그 외에도 많은 야생을 보았다. 좀처럼 만족을 모르는 인간들 사이에서 어떻게든 미래를 도모하려는 각양각색의 야생이 있었다.

하이라인 운하와 교외로 변신하기 위해 파헤쳐지는 오래된 들판을 통해 손상된 땅을 사랑하게 된 나는 여러 차례 벌목이 이루어진 윌라파 언덕에 터를 잡았다. 인간이 함부로 다룬 숲과 들판 사이, 인구 희박한 시골에 산 지 이제 반평생이다. 북쪽의 올림픽 야생원시지역을 찾지 못할 때는 윌라파 개벌지 사이의 야생에서 아름다움을 찾았다. 어떻게 보면 모퉁이의 그루터기에 매료된 시작점으로 돌아온 것이다. 이제 나는 야생의 조건이 고담의 뒷골목에서 저 멀리 샹그릴라 봉우리(윈난성 디칭 티베트족 자치구에 있는 곳인데 한 번 등반한 적이 있다)까지 쭉 연결되어 있다는 것을 알게 되었다.

워싱턴대학교 대학원에서 임학을 공부할 때, 산림청 과학자 존 C. 헨티의 야생학 강의를 들었다. 한번은 각자의 야생 등급이 얼마나 되는지 평가하는 시험을 보았다. 나는 야생을 열렬히 옹호하는 사람으로서, 점수가 낮게 나와서 경악스럽고 당황했다. 왜 야생성이 부족하다고 나왔냐 하면, 작은 숲길 도로에서 운전하는 것을 즐긴다는 항목에 표시했기 때문이었다. 음, 지금도 좋아한다. 무척. 하지만 야생, 깊은 야생에서 걷는 것도 좋아한다. 지금까지 그 두 가지 즐거움이 서로 부딪히는 것을 보지 못했다. 야생의 연속체에서 서로 약간 멀리 떨어져 있긴 하지만, 둘 다 인간 이외의 생물을 많이 접촉하게 해준다. 나는 도로를 없애 도로 없는 지역을 늘려야 한다는 것을 강력하게 지지한다. 도로 없는 지역에 새 도로를 까는 것도 반대한다. 하지만 동시에, 꼭 필요한 곳을 연결하는 수목으로 둘러싸인 길을, 내 낡고 작은 차로 신나게 달리고 싶다. 그리고 차를 세우고 바퀴 자국이나 장애물, 문 같은 것을 지나 걸어 들어가고 싶다.

최근 몇 년 동안 야생에 관한 논쟁이 가져온 불행한 유산이 있다. '야생'이란 의미가 숭고한 야생을 두려워하는 사람들에 의해 악으로 치부되었다가, 거의 길들여지고 소중하게 여겨지다가, 이제는 숭요한 유산으로 받아들여지고 법의 힘으로 보호받게 된 것이다. 이런 식으로는 도저히 안 된다. 서툰 대학생이었던 시절에도 잘 알고 있었다. 부츠나 운동화 한 켤레와 허접한 배낭과 물통만 있으면 누구나 친구들과 함께 버스를 타고, 필요하면 히치하이킹도 해서 국가가 지정한 야생원시지역으로 들어가 언제까지나 계속 걸어갈 수 있었다. 내가 성장기를 함께 보낸 젊은 환경 보호론자들에게 야생은 엘리트주의와 정반대였다. 그곳에 사는 모든 식물과 동물들, 주머니 가벼운 학생들, 다리가 뻐근해지도록 계속 걷는 사람들을 엘리트라고 하는 게 아니라면 말이다. 나는 1964년의 야생보다 더 민주적인 이상을 알지 못한다.

이제 인간에 관하여 야생 안팎의 몇 가지를 바로잡아야겠다. 호모 사피엔스라고 명명된 직립 보행하는 영장류 말이다. 무엇보다 인류는 영장류의 한 종일 뿐이며, 우리가 만들거나 수행하는 모든 것은 진화한 직립 유인원 종의 산물이다. 그러므로 인간과 인간의 모든 생산물은 자연의 일부다.

아직까지는 괜찮다. 만약 인간이 자연의 일부이고 야생은 자연에 놓여있는 것이라면, 《자연의 실천》을 쓴 시인 게리 스나이더가 보여주었듯 야생은 자연 안에 산다. 소로우도 이렇게 썼다. "인간은 자기 안의 동물을 인지하고 있다." 스타인벡과 리케츠도 물었다. "왜 우리는 인간을 하나의 종으로, 우리의 눈이 성운, 세포 속의 우주라고 생각하는 것을 그렇게 두려워할까?" 정말 왜 그럴까? 야생에 대한 반감은 종종 이 질문에서 시작된다.

좀 더 깊이 파고들도록 도와주는 사실이 또 있다. 야생은 인간이 출현하기 수십억 년 전부터 존재했고 영원히 존재할 것이다. 적어도 지구의 분자들이 다른 곳에 동화되기 전까지는. 그 다음에는 다른 곳에서 계속 존재할 것이다. 인간이 지금까지 야생과 공존해온 것은 그 시간의 5,000분의 1 정도밖에 안 될 것이다. 더군다나 인간은 언젠가 멸종한다. 그것이 모든 종의 운명이니까. 기술이 멸종을 피할 방법을 찾아내지 않는 한 말이다. 만약 정말로 찾아낸다면 우리는 생물학을 넘어 어쩌면 사이보그 형태로 존재할지도 모르지만 아무튼, 그렇다면 야생에서는 멸종되는 것이다. 인류가 언제 멸종할지 알 수 없지만 성장의 자연적인 한계를 인지하는 사람이라면 현재의 상황으로 보아 머지않아 그날이 찾아오리라고 지혜롭게 판단할 수 있다. 하지만 불가피한 일을 아무리 오랫동안 피할 수 있더라도 야생이 우리보다 훨씬 먼저 여기 존재했고 우리가 사라진 뒤에도 오랫동안 남을 것이라는 사실은 변치 않는다. 이 기본적인 사실을 이해한다면 야생에 대한 관점이 크게 달라지고 자신의 행동이 초래하는 결과를 좀 더 장기적으로 생각하게 된다.

인간은 상대적인 야생의 한 부분만을 사랑하라고, 야생성을 하나의 개념만으로 생각하라고 강요받지 않는다. 이념적, 지적, 정치적인 이유로 서로의 개념에 반대할 필요도 없다. 세상은 상대적인 의미의 야생이 전부 다 존재해도 될 만큼 넓고 거대하다. 단, 무한한 인간의 탐욕과 지지할 수 없는 과잉 앞에서, 오래된 것을 지키는 행동주의자로서의 노력을 계속하고 허용해야 한다.

그러기에 대지의 사람들에게로 다시 돌아간다. 야생 보전이라는 명목으로 원주민 혹은 후기 원주민에 대하여 잔학 행위가 이루어진 사실은 잘 알려져 있다. 세상의 자연과 북아메리카의 과거에는 그런 사례가 가득하고 오늘날에도 여전히 일어나고 있다.

전통적인 형태의 대지 점유는 토종 동식물과 전체 생태계를 발전시켜주기도 한다(창조하는 것이 아니라 지원). 남서부 사막의 관개용 수로 문화가 한 예이다. 이것은 신비한 수수께끼 따위가 아니다. 물은 건조한 땅에 생명을 집중시킨다. 강이나 시냇물 못지않게 인간이 판 오래되고 잘 관리된 수로도 그렇다. 나는 이 사실을 어릴 때부터 알고 있었다. 대초원의 도랑에서 온종일 시간을 보내며 그곳의 나비와 식물을 연구한 덕분이었다. 이제는 농장들도 사라졌고 덴버 워터사가 상류의 조절 수문을 전부 닫아 하이라인 운하의 물이 빠져서 나비들은 물론 오래된 미루나무와 그것을 사랑하는 사람들이 모두 곤경에 처했다. 수로와 그 수호자들이 계곡에서 쫓겨난 결과는 문화적 대량학살일 뿐만 아니라 자연 다양성의 손실일 수도 있다.

나는 나비 보호에 대해 더 배우려고 떠난 영국에서 그곳의 난초와 곤충, 프림로즈와 블루벨이 과거의 조건을 재현해 관리된 초원과 숲에 적응했고 그런 관리 없이는 시들해진다는 놀라운 사실을 알게 되었다. 그리고 대처 시대에 추구한 소위 "개선"이 자연에 심한 짓을 저질러놓은 후, 내 동료들은 영국의 모든 나비 멸종 위기 사례가 전통적인 농업의 붕괴에 직접적으로 기인한다는 사실을 문서로 확실히 입증했다. 적어도 초원 관리의 재수립으로 영국에서 멸종되었던 큰 블루 나비가 다시 번영할 수 있었다. 우리는 야생과 생태통로의 확장을 위해 투쟁하는 동시에 상호주의로 회귀하게 해주는 농업 방식을 되돌리기 위해서도 싸워야 한다.

그렇다면 인간의 일과 점거로도 야생이 유지되고 더 강화될 수도 있을까? 물론이다. 이것도 전혀 불가사의한 일이 아니다. 영국에서 인간 농부와 소, 양은 빙하기 이후로 만 년 이상 토종 동식물과 함께 진화했다. 남서부의 수로 문화도 그만큼 혹은 더 오래된 것일 수 있다. 이처럼 인간이 야생 공동체의 다른 생물들과 서로 유익하거나 최소한 대개 유순한 방식으로 공존하고 공동 진화한 예는 수없이 많다. 내가 알래스카의 랑겔산맥에서 본 것처럼 국립공원관리공단에서 기존 용도를 허용하는 것이 효과적인 사례들도 있다. 그러나 땅과 물이 오랫동안 지속 가능한 형태로 사용되어온 방식을 당국이 없애면, 워싱턴과 오리건이 어류와 야생동물 보호 정책으로 컬럼비아강의 주된 물줄기에서 연어 자망 어선을 없앤 것에서 보듯, 사회적으로 혐오스럽고 개인적으로 비극적인 결과를 가져올 수 있다. 토종 동식물의 파괴로 이어지기도 한다. 다시 말하지만 전부가 야생을 보호한다는 명목으로 일어나는 일들이다. 환경보호 단체인 자연관리단의 땅 지킴이 출신인 나는 그 단체가 몇 세대에 걸쳐 아이들을 야생으로 불러내는 데 사용된 나무 요새를 철거하는 것을 보고 죄를 짓는 것이라고 느꼈다.

이전의 접촉으로 아무리 남용되고 산성비가 내리고 기후 변화가 일어나고 손상이 이루어져도 야생원시지역은 우리가 "상대적인 야생"이라고 부를 수 있는 거대한 연속체의 한쪽을 계속 차지할 것이다. 차등 기준에 따라 야생 연속체에 들어선 다른 지점들은 비 오는 밖으로 나가기만 해도, 진흙 속에서, 길 밖에서 누구라도 찾을 수 있다. 우리 각자는 자신이 가장 잘 알아볼 수 있는, 종류와 모습이 다양한 야생성을 향하여 사랑과 관심, 에너지를 계속 표현할 것이다. 그렇다면 대부분 사람에게는 야생에 1개 이상의, 어쩌면 다수의 등급이 존재한다는 뜻이리라. 내 경우에는 야생에 대한 취향과 충성심이 처음부터 끝까지 모든 범위에 걸쳐있다. 그렇기에 진짜 야생을 갈망하고 찬양하고 보호하려 노력하고 때로는 직접 가고도 싶지만, 동네 나무 그루터기와 보도의 균열, 이끼가 많이 낀 도시의 돌벽, 말라붙고 지저분한 도랑, 인간 공동체를 지탱해주는 철조망 쳐진 삼림 지대, 손자 손녀들의 뒷마당도 계속 사랑할 것이다.

아마도 나는 앞으로도 기회가 될 때마다 이 늙고 안쓰러운 몸뚱이를 이끌고 차로 혹은 걸어서 국유림의 야생을 계속 찾아갈 것이다. 인디언 헤븐 야생원시지역에서는 아직 몇몇 부족들이 여전히 베리류 채취 시즌인 가을이면 북쪽에 야영지를 설치한다. 나는 그곳에 올라갈 때 미래에도 여전히 변함없을 그들의 생활방식을 존중하도록 노력할 것이다. 그리고 내가 환경보호주의자로서 개인적으로 가장 열렬하게 헌신하는 일은 다크 디바이드를 야생원시지역으로 지정시켜 빅풋이 걸어 다니는 땅의 심장부를 그곳의 오솔길과 목초지를 더럽히는 오토바이로부터 그리고 그리스인 조르바의 표현처럼 체인톱과 댐, 광산, 도로 같은 "완전한 재앙"으로부터 지키는 것이다.

만약 인류와 세상이 재앙을 넘기고 살아남는다면 적어도 우리가 보전하기로 선택한 몇몇 장소들은 그대로 존재할 것이다. 결국 전혀 지속가능하지 않은 자본주의 경제가 어떻게든 누그러져서, 야생과 함께 나아가는 새로운 비전을 받아들여 다른 종들과 공존하는 능력과 진폭이 훨씬 커진 더 밝은 시대가 찾아올지도 모른다. 만약 그렇다면, 우리는 야생의 일부를 제쳐놓아 지키기를 잘했다고 기뻐할 것이다. 만약 재앙을 이겨내지 못한다면? 적어도 진화의 다음 주기에 필요한 최고의 재료인 유전적 다양성이 보호구역에 보전되어 있을 테니, 또다시 자연 선택이 이루어질 수 있다.

이것이 내가 야생보호법이 미래지향적이라고 말하는 이유다. 우리가 지키며 살아가는 모든 법 가운데 거의 유일하게 인간을 넘어 다른 존재들을 위해서까지 선을 추구하는 법이기 때문이다.

"야생의 멸종"이라는 말이 가끔 떠오른다. 어렸을 때도 무척이나 슬프게 느껴진 말이었다. 어릴 때 막 자연책에 빠져들었을 때 마주친 단어였다. 나는 그 말의 의미를 알고 멈칫했다. "야생이 멸종한다고?" 무슨 의미인지 헤아릴 수 있었다. 야생이 정확히 뭐든 간에 밖에 나가도 절대로 찾을 수 없게 된다는 뜻임을. 아무래도 그때부터 나에게는 야생과 밖으로 나간다는 것이 똑같은 의미가 된 것 같다. 여러모로 지금도 그렇다.

"자연은 아무리 많아도 충분하지 않다.
우리는 우리의 한계가 무너지고
우리가 발을 딛지 않은 곳에서
여유롭게 풀을 뜯는
생명이 존재한다는 사실을
목격해야 한다."

_헨리 소로우, 사상가

열 번째 이야기

칼새와 나비 날개, 돌산과 습지

나비를
사랑한 작가,
블라디미르
나보코프의

"디테일의
개별화"

많은 사람들에게 잘 알려진 사실은 아니지만,《롤리타》로 유명한 소설가 블라디미르 나보코프는 나비와 나방을 연구하는 인시류 학자이기도 했다. 평생 인시류를 연구하며 관련 논문을 여럿 발표했고, 그에게 나비와 나방이란 문학과 예술의 영감을 불러일으키는 중요한 매개체였다.

블라디미르 나보코프의 과학적 예술에 관한 에세이를 기고해 달라고 부탁받았을 때, 어떤 내용을 쓸지 처음부터 확실히 알 수 있었다. 그가 주장한 "디테일의 개별화"는 나에게도 오래전부터 무척 중요한 개념이었으니까.

디테일은 어디에서나 물고기처럼 튀어 오른다.
– 제인 허쉬필드의 시 중에서

2005년에 타지키스탄과 키르기스스탄, 카자흐스탄의 여러 대학 강사들과 학생들에게 장소 기반 글쓰기를 가르친 적이 있다. 한 인문학 프로젝트의 후원으로 타지키스탄의 수도 두샨베에서 이루어진 일이었다. 참가자들의 영어 실력은 제각각이었고 유일한 공용어는 러시아어였다. 워크숍은 대부분 영어로 진행한 뒤 러시아어로 통역되었으며 참가자들의 응답과 글도 마찬가지였다. 중간에 타지키스탄이나 키르기스스탄, 카자흐스탄어로 우회하기도 했다. 지극히 가볍거나 불가사의한 순간들도 있었고 때로는 깊은 유대가 맺어지기도 했다. 하지만 그 자리에 있던 모두가 완전히 하나 되는 진정한 초월의 순간은 자신의 시 〈칼새The Swift〉를 처음에는 영어로, 그다음에는 러시아어로 읽는 블라디미르 나보코프의 육성을 카세트테이프로 들었을 때였다. 학생들은 영어 버전도 좋아했지만, 내가 나보코프의 듣기 좋고 악센트가 있는 러시아어 버전을 틀어주자 샘솟는 자랑스러움에 압도되었다.

나보코프의 시 〈칼새〉는 낭만적인 긴장감이 최고조에 이른 순간을 묘사한다. 안개 낀 다리 위로 칼새 한 마리가 나타났을 때, 젊은 연인들의 가슴에는 '영원'의 순간이 새겨진다. 시인과 연인 그리고 내 학생들의 가슴과 머리를 사로잡은 것은 순간과 장소의 물리적인 디테일에 쏟아진 엄청나게 큰 관심이었다. 나는 거의 초자연적일 정도의 자세한 디테일이 나보코프의 뛰어난 시각 예술과 문학 작품, 궁극적으로는 그의 과학에도 영향을 미쳤다고 생각한다.

나보코프가 보통 사람들은 전혀 신경 쓰지 않는 디테일에 관심을 쏟은 것은 전혀 특이한 일이 아니었다. 그는 "디테일의 개별화individuating detail"라고 부른 것의 중요성을 자주 언급했다. 그의 소설에 생동감을 불어넣고 시와 과학에 기품을 더하고 그의 그림을 낙서에서 예술 작품으로 승격시키는 차별적인 요소가 바로 -과학적이든 문학적이든 결합적이든(실제로 그는 이것들을 다 합쳤다)- 극도의 디테일이다. 어쩌면 그가 보고 묘사하는 세계가 독자들에게는 거의 보이지 않는다는 사실이 그들을 더욱더 매료시키는지도 모르지만.

실제로 나보코프는 어디를 가든 디테일의 개별화를 발견했다. 디테일이 결코 항상 아름답기만 한 것은 아니었다. 주말마다 케임브리지나 이타카를 벗어나 떠나는 채집 여행에서 날아다니는 부전나비에 감탄하는 만큼, 반대로 식당에서 나는 지독한 냄새에 기겁하는 일도 생겼다. 훗날 《롤리타》에도 들어가는 내용이지만, 그는 서부를 여행하면서 모텔에서 묵거나 도로를 달릴 때 썩 유쾌하지 못한 냄새가 난다는 걸 알아차렸다. "소똥과 철조망이 가득한, 대단히 혐오스러운 버드나무 습지에 갔다"라고 그는 1953년 인시류학자협회 뉴스에 수록된 〈와이오밍에서의 채집〉이라는 글에서 말하기도 했다.

그 어떤 시와 수필, 이야기, 소설도 나보코프의 작품만큼 미묘함이 돋보이지 않는다. 그는 자신의 예술을 지탱해주는 디테일의 개별화를 찬미했다. 험버트와 롤리타가 모텔을 전전할 때, 현미경으로 훈련된 일인칭 시점으로 미국의 풍경이 자세하게 지나간다.

나보코프가 어느 여름, 알프스에서 만난 수백 마리의 블루 나비 중에서 남다른 단 한 마리를 알아볼 수 있었던 것도 바로 극도의 디테일 민감성 덕분이었다. 처음에는 새로운 종인 줄 알았는데 결국 두 종의 잡종이라고 밝혀졌지만, 그 미묘한 차이는 그의 눈에 띄기에 충분했고, 나중에 과학 논문과 그의 시 〈나비 발견에 대하여On Discovering a Butterfly〉에서 자세히 묘사된다. 그가 서랍 속과 현미경 슬라이드의 표본에서 미묘한 유사점과 차이를 발견하고, 무척 적은 양의 희귀 자료로도 북아메리카와 남아메리카 블루 나비와 전북구 블루 나비의 진짜 관계를 추론할 수 있었던 것도, 전부 유난히 발달한 지각력 덕분이었다.

나이 지긋한 인시류 학자들은 그런 사람을 보고 감탄하며 "좋은 눈good eye"이라고 부른다. 나보코프는 바로 그 좋은 눈으로 모든 사물이나 배경에서 관심을 사로잡는 특별함을 찾아냈고 종종 작품에도 활용했다.

막달레나 앨파인 나비와 나보코프의 만남은 1947년 여름에 이루어졌다. 그는 아내 베라와 함께 콜로라도의 프론트산맥에 있는 숙박시설 컬럼바인 로지에서 한 달을 묵으며 채집 활동을 했다. 나보코프 부부는 7월 13일 아침, 나보코프가 하버드에서 나비류 큐레이팅을 했을 때 만났던 박사과정 학생 찰스 레밍턴과 합류한다. 레밍턴은 예일 피바디 자연사 박물관에 보관된 편지에서 이 날에 대해 설명하며 이렇게 운을 뗀다. "에스테스 공원으로 차를 몰고 가서 나보코프와 그의 아들, 아내를 태우고 표범나비로 유명한 톨랜드로 향했다."

일행은 남쪽의 롤린스빌로 갔다가 서쪽으로 철로 옆을 달려 유명한 모팻 터널의 이스트 포털로 향했다. 그곳에서 그들은 톨랜드 습지로 들어섰다. 레밍턴은 이렇게 적었다. "무척 즐거운 하루였고 채집도 정말 좋았다. 나보코프와 아들 둘 다 나비채를 능숙하게 사용했다." 이때 채집한 나비는 나보코프가 어렸을 때 러시아의 비라 습지에서 알게 됐던 꼬마표범나비속의 로키산맥 아종이다. 그가 한 작품에서 "그물채에서 고동치는 은색 총총 박힌 나비의 생명력을 들이마시기 위해 기쁘게 불평하며 몸을 구부렸다"라고 묘사한, 그 나비일 확률이 높다.

레밍턴과의 톨랜드 나들이는 나보코프를 소년 시절의 습지로, 그곳의 냄새와 풍경으로 데려갔다. 그러나 가장 신비한 막달레나 앨파인 나비와의 만남은 정작 컬럼바인 로지 바로 근처에서 이루어졌다. 그 산장의 뒤쪽은 미커산으로 곧장 이어진다. 로키 마운틴 국립공원의 롱스 피크 남동쪽에 위치하며, 높이 13,911피트에 달하는 미커산은 완벽한 막달레나 서식지다. 나보코프는 이 나비를 채집하기 위해 산장 뒤편의 자갈 비탈을 올라갔을 가능성이 크다. 관련 자료는 남아있지 않지만 그가 막달레나를 롱스 피크의 구간에서 북쪽으로 조금 떨어진 곳에서 보았다는 사실은 확실하다. 그 만남의 확실한 증거가 그의 소설 《할리퀸을 보아라!》에 나온다. 등장인물 바딤이 딸과 함께 롱스 피크에 갔던 이야기를 한다.

나보코프가 단어의 시각 예술가라는 점에서 볼 때 그는 자신의 글에서 심오한 굴절 능력을 보여준다. 순전히 물리적인 디테일과 세심하게 조우하는 순간, 현실과 시간의 넓은 링크장으로 미끄러지듯 나아가, 몇 발자국이나 동떨어진 창조적 순간에 도달하는 것이다.

나비가 있는 또 다른 고산지대에서도 마찬가지다. 나보코프는 공기가 희박하고 맑은 그런 희귀한 보루를 무척 사랑했다. 그는 계속 고산지대를 찾아다녔다. 러시아, 크림반도, 로키산맥, 알프스. 그가 2개의 위대한 정상에 도달한 것도 바로 그런 높은 산에서였다. 하나는 과학이고 다른 하나는 예술의 정상인데, 둘 다 똑같은 소재에서 나왔고, 둘 다 그가 놓치지 않은 디테일 덕분이었다. 이번에도 막달레나 앨파인 나비가 널찍한 검은 날개로 우리를 그곳으로 데려간다.

나보코프는 《롤리타라는 제목의 책에 대하여》의 각주에서 "이 나비들 아래에 꽂혀 있는 지역명 라벨은 잘 알려지지 않은 전기를 좋아하는 21세기 학자에게 요긴할 것이다"라고 썼다. 흠, 어디 보자. 내가 코넬대학에서 본 막달레나Erebia magdalena 표본의 라벨에는 이렇게 적혀 있었다. "텔루라이드, 콜로라도/고도 10,000피트/ 1951년 7월 15일/V. 나보코프." 이 지역명 라벨은 우리를《롤리타》로 직접 연결시켜준다.

나보코프는 유타주 알타 위쪽의 협곡에서 존 다우니를 만나기 훨씬 전부터 날개 가장자리에 주황색이 들어간 부전나비속 나비의 계통학과 지리적 가소성을 분석하고 있었다. 그가 그린 날개 비늘 열과 생식기 그림 다수는 물론이고 가장 길고 상세한 논문들도 주로 이 나비에 관한 것이었다. 그는 비교적 적은 표본을 가지고 이 부전나비와 니어틱Neartic(북아메리카, 그린란드, 멕시코를 포함한 지역-옮긴이) 및 신열대구 부전나비의 밀접한 관계를 추론했다. 또한 지금은 카너 부전나비라고 불리는 무리를 정확하게 구분했다. 현재 카너 부전나비는 보호 대상으로 큰 관심을 끌고 있으며 중서부 지방의 토지 관리에 큰 영향을 주고 있다. 나보코프가 예상한대로 완전히 하나의 종으로 자리매김한 것이다.

나보코프의 가장 끈질긴 도전 가운데 하나는 발견된 적 없는 부전나비 아종 암컷을 찾는 것이었다. 그는 이것을 수컷과 다른 새로운 분류군으로 묘사했다. 그러다 드디어 찾은 나비는 그가 예상했던 그곳에 있었다. 콜로라도주 산후안산맥의 남서쪽, 당시 작은 광산 도시였던 텔루라이드에서였다. 현재 코넬대학의 표본 캐비닛에 보관된 막달레나도 그곳에서 찾았다. 나비와 수집가들이 모두 고생하는 흐리고 비오는 날이면, 나비들은 루핀꽃에 앉아 쉬곤 한다. 그해 가을 여동생 엘레나에게 보낸 편지에는 그때의 감정을 이렇게 전한다. “마침내 매우 희귀한 나의 대녀를, 자줏빛 루핀꽃으로 뒤덮인 산비탈에서, 하늘은 높고 눈 향기 가득한 침묵 속에서 발견했을 때 얼마나 기뻤는지 알겠지."

"매우 희귀한 대녀"의 발견이 나보코프의 모습을 보여주기에 충분하지 않다면, 그의 가장 대표적인 문학 작품과 깊이 연결되는 그날과 관련된 디테일이 하나 있다. 나보코프가 그의 과학을 대표하는 존재, '나보코프의 부전나비'라고 불리게 된 사라진 암컷 나비를 발견했을 때, 훗날 그의 가장 중요한 작품에 나오는 가장 중요한 장면도 함께 탄생했기 때문이다.

그 일은 이렇게 일어났다. 산 미구엘강과 돌로레스강 그리고 마침내 콜로라도강까지 흘러가는 드문드문 야생화가 핀 바위투성이 마셜 분지를 오르며, 그는 수많은 디테일을 알아차렸다. 수많은 파란색도 그중 하나였다. 콜로라도 블루 콜럼바인꽃, 스카이 파일럿이라고 불리는 서양 제이콥 사다리, 고산 물망초, 바다를 이룬 루핀꽃 그리고 부전나비도 넘쳐났다. 아내 베라가 루핀꽃에 앉은 멋진 부전나비 수컷을 발견했고, 그다음에 마침내 기쁘게도 나보코프는 그전까지 알려져 있지 않던 나비 수컷을 나비채로 잡았다. "좀 특이하고 매끄럽고 연한 갈색에 약간 황록색을 띄고…… 탄 듯한 파란색 인분이 뿌려져 있다." 물론 그는 보자마자 알아차렸다. 그 섬세한 디테일을 알아본 것이다. 한 채집가에 의해 수컷이 발견된 지 50년, 나보코프가 하버드의 컬렉션에서 찾은 8개의 표본을 바탕으로 암컷에 대해 설명한 지 3년 만이었다. 이제, 마침내, 살아있는 그것을 만났다.

하지만 1951년의 비 내리고 바람 부는 그 여름에 나보코프가 텔루라이드 위쪽의 하늘과 구름 아래에서 알아차린 것은 부전나비와 루핀꽃, 궂은 날씨뿐만이 아니었다. 에드먼드 윌슨에게 보낸 편지에서 그날의 경험에 대해 이렇게 썼으니까 말이다.

"텔루라이드에 갔네. (도로는 끔찍하지만 친절하고 매력적인 사람들로 가득하고, 관광객도 거의 없는 구식의 광산촌이지.) 고도 9,000~10,000피트의 그곳에서 하이킹을 하면, 마을의 양철 지붕과 자의식 강한 포플러나무들이 거대한 화강암 산으로 이어지는 막다른 평평한 계곡의 밑바닥에 장난감처럼 누워있어. 길거리에서 노는 아이들의 목소리만이 들려온다네. 정말 기분이 좋아!"

《롤리타》의 끝부분에 나오는 장면의 디테일이 바로 이것 덕분에 가능했다. 희망을 잃은 비참하고 병든 험버트는 높은 산길 도로에서 "저 아래 계곡 사이에 들어선 작은 광산촌에서 증기처럼 피어오르는 화음"을 듣는다. 험버트는 이렇게 말한다. "독자여! 내가 들은 그 소리는 바로 아이들이 노는 소리였다…… 무엇보다 절망적이고 가슴 아픈 것은 내 곁에 롤리타가 없다는 사실이 아니라 이 아름다운 화음 속에 그녀의 목소리가 없다는 사실이었다."

험버트가 자기 범죄의 거대함, 괴물의 본질을 인정하는 순간이다. 마틴 아미스는 "《롤리타》의 '도덕성'은 내재하는 것이 아니라 덧붙여지는 것이라는 견해가 많았다"라고 적었다. 그의 에세이는 왜 그런 가정이 틀렸는지를 보여준다. 《롤리타》가 소아성애에 대한 가장 위대한 도덕적 진술인지도 모른다는 것을 알려면 세심하게 읽어봐야 한다. 소아성애는 오늘날 뉴스에서 너무 자주 다루어 진부하게 느껴질 정도지만 소설이 나온 1956년에는 논의되지도 않았고 언급조차 할 수 없었던 주제였다. "교양 있는 독자들"도 "나보코프가 당시 죄책감을 느낄 만했다고 생각한다"라고 아미스는 적었다.

당시, 아니 어떤 시대라도, 그런 소설을 쓴 작가가 도덕적 보상을 두꺼운 책의 맨 끝에서야 드러내는 것은 정말 놀라운 예술적 모험이었다. 그러나 아미스가 "예술은 나보코프에게 비난과 벌을 준다"라고 썼듯, 그 위험 감수는 성공이었다. 고산에서 들려오는 아이들의 노는 목소리를 표현한 문장에서, 지금까지 판단을 보류한 신중한 독자들은 작가가 의도한 대로 험버트에게 내려진 판결을 듣고《롤리타》의 내재적 도덕성을 이해한다.

이것은 작가가 작은 나비를 쫓아 "오름과 구름 사이 어딘가"에 있는 높은 산등성이에 올라가서 뭔가 다른 것을 가져왔기에 가능한 일이다. 그가 예상하지 못했지만 사용법은 확실히 알아낸 것. 게리 스나이더는 〈시인이 되기 위해 알아야 할 것〉이라는 시에서 작가들에게 "주의 깊고 품격 있는 마음으로 육감을 따르라"고 촉구한다. 나보코프의 예술적 감성을 정확히 묘사해주는 표현이 아닐 수 없다.

열한 번째 이야기

모두의
도랑은
소중하다

경험의
멸종,

두 번째
이야기

예전부터 내가 줄곧 이야기해온 "경험의 멸종"에 대해 이제는 여러 논문과 책, 기사에서 다루어지고 있다. 덕택에 많은 사람들의 도랑 또는 그에 해당하는 어린 시절의 장소가 온전하게 남아있거나 복구 중이거나 보전 대상으로 논의되는 경우가 늘어나는 듯하다. 하지만 여전히 일부 국가의 상황일 뿐이다.

2012년에 중국의 야생 지역을 여행했는데 베이징이나 상하이 같은 인구 2천만 이상의 도시들에 사실상 그런 땅이 남아있지 않은 것을 목격하면서 나는 잠시 멈추어 생각해보지 않을 수 없었다. 이렇게 중국인들이 지역에서의 생물학적 경험이 거의 소멸된 가운데에서도 번창하고 있다면, 경험의 멸종이라는 개념이 과연 내가 생각했던 것만큼 중요한 게 맞는 건가? 고작 '제1세계의 문제'일 뿐인가?

하지만 곧 더러운 공기와 검은 물, 비인간적인 콘크리트 주거지가 지속 불가능한 상태를 명백히 보여준다는 사실을 떠올렸다. 경험의 멸종은 내가 생각하는 것 이상으로 더 중대한 문제인 것이다.

4시 21분, 북쪽으로 돌진하는 열차가 반대편 열차를 지나쳤다. 정면으로 충돌하는 게 아닌가 싶을 정도로 가까이에서 지나쳐 차창에서 탕 소리가 들렸다. 햇살 가득한 10월의 어느 날, 주변을 빙 두른 금빛 물푸레나무들이 반짝이고 있었다.

기차가 좀 더 북쪽으로 달리면 해안선이 나올 것이다. 해변 가까이 달릴 때는 커다란 푸른 왜가리, 대머리독수리, 까마귀, 가마우지가 달리는 기차에도 아랑곳하지 않고 자갈 해변을 돌아다닐 테고. 기차는 작은 섬으로 가는 여객선들이 있는 선착장을 포효하듯 지나쳐 협교 바로 아래로 들어갔다가 타코마 시로 입성할 테지.

하지만 오늘이 이 아름다운 해안선을 지나는 마지막 기차 여행이 될지도 모른다. 얼마 안 있어 암트랙의 캐스케이드 노선이 내륙을 지나는 노선으로 바뀔 예정이기 때문이다. 표면적으로는 노선의 혼잡을 줄이고 레일 공간과 화물의 충돌을 줄이며 유진-시애틀 구간에서 10분을 절약한다는 이유에서다. 10분! 이봐, 암트랙. 너 대체 생각이 있는 거니? 너희의 가장 큰 경쟁력은 자연경관이잖아. 이 해안선 구간은 미국 전역의 노선 체계를 통틀어 가장 아름다운 풍경을 자랑하는 곳인데!

생각에 잠겨있자니 어느덧 기차는 거대한 니스퀄리 국립야생동물보호구역 주변을 지나치고 있었다. 주로 큰잎단풍나무로 이루어진 가을의 색깔이 정말로 멋지다. 보호구역을 지나치면 거기서부터가 해안이다. 작은 곳에서 개들이 뛰어다니며 햇볕 쬐는 갈매기들을 향해 으르렁거리며 달려든다. 물속의 오래된 말뚝들이 오후 햇살에 은색으로 빛난다. 작은 섬들이 점점 작아진다. 종종걸음치는 검둥오리, 무리 지은 가마우지와 논병아리들.

겨울비가 내리기 전에 선물과도 같은 햇살의 끝자락을 움켜쥐려는 사람들로 공원과 길마다 활기가 넘쳤다. 차창 밖으로 잠시 동안 바다 배경에 알록달록한 검은딸기나무가 더해져 그림 같았다. 기차가 자유분방한 바닷가 마을과 맥주 공장을 지나고 이제 다리 아래까지 왔다. 나란히 뻗은 거대한 한 쌍의 현대적인 다리인데 이곳을 지나치면 마지막으로 커다란 검은 터널이 나온다.

노선이 바뀌면 앞으로 승객들이 보게 될 풍경은 터널과 다름없을 것이다. 차창 밖의 풍경을 좋아했던 사람들은 이 모든 것을 잃게 된다. 아스팔트, 도시 끄트머리의 들판, 교외, 물류 창고가 있는 풍경으로 바뀌고, 차창으로 야생의 해변이 아니라 고속도로가 보일 것이다. 이 사랑스러운 해안과 너무도 딴판이다. 관심 있게 차창 밖을 바라보는 사람의 눈에는 전혀 다채롭지 않다. 다시 말하자면 내가 "경험의 멸종"이라고 부르는 것의 불필요한 사례가 추가되는 것이다.

지금으로부터 오래전인 1975년, 예일대학교 대학원에서 공부하던 시절의 일이었다. 생물학을 가르치는 찰스 리 레밍턴 교수가 나더러 보스턴에서 열리는 미국과학진흥회 회의에 자신 대신 패널로 참여해달라고 부탁했다. 토론 주제는 '2000년의 야생동물'이었다. 나는 이미 목격한 지역의 멸종에 대해 이야기하기로 했다. 내 고향 오로라의 변두리에서, 그러니까 하이라인 운하를 따라 플라테강 분수령에서 나비들이 발견되었다가 사라진 일. 1965년의 대홍수 이후 초승달나비가 늘어났다가 줄어든 일. 모교 중학교가 들어선 들판에서 올림피아 대리석날개나비가 사라진 일. 이 모두가 어린 나를 자연학자로 키워준, 인시류 전체에 나타난 경각심을 일으키는 사건들이었다.

이 내용을 발표할 생각을 하다가 문득 깨달았다. 이것은 나비의 멸종에 관한 이야기일 뿐만 아니라 지금의 나를 만들어준 경험의 멸종에 관한 이야기라는 것을. 내가 발표할 때 고개를 끄덕이는 사람들이 많았다. 그날 청중석에 앉아있던 학술잡지의 편집자 톰에게 그 내용을 글로 써달라는 부탁을 받았고, 이후 경험의 멸종은 내 모든 책에서 가장 자주 수록되고 자주 인용되며 되풀이되는 표현이자 개념이자 주제가 되었다. 다른 곳에 사용될 때는 내가 고안한 개념이라는 사실이 함께 언급되기도 한다. 경험의 멸종은 기준선의 약화나 조경 능력, 생명애, 자연결핍장애 같은 다른 관련 개념들과 함께 변형되기도 했다. 이게 다 오래전 레밍턴 교수의 대타로 연단에 섰던 덕분이었다. 하지만 진짜 공은 사라진 나비들과 내 유년기 한켠을 차지하는 자연 서식지에 있었다.

지역에 서식하는 종이 사라지면 자연에 대한 우리의 경험도 위태로워진다. 도달 반경 안에서 어떤 종이 멸종되면(나이가 많거나 아주 어리거나 몸이 불편하거나 가난할수록 도달 반경이 좁다) 중요한 의미에서 완전히 사라진 것이나 다름없다. 이제 주변에서 접할 수 없으므로 그 종의 지역적 멸종은 전 세계적인 멸종과 같은 결과를 초래한다.

또한 경험의 멸종은 처참한 결과를 가져오는 애정 상실을 일으킨다. 도시와 환경 전이가 이루어지는 교외가 생물 다양성을 잃으면 그곳에 사는 사람들은 자연과의 개인적 접촉이나 인식, 조용히 감사하는 시간과 점점 멀어진다. 이는 환경적 문제에 대한 무관심을 낳고 나아가 인간과 자연의 공동 서식지도 손상된다.

이런 주기가 계속 반복된다. 경험의 멸종은 땅에서 생명력을, 자연과의 유대에서 친밀감을 빼앗아간다. 바로 이런 이유에서 일반종의 소실은 희귀한 종이 완전히 멸종된 것만큼 큰일이다. 모르면 관심도 가지지 않는다. 굴뚝새를 모르는 아이에게 콘도르의 멸종이 무슨 의미가 있을까?

40년이 흐른 지금도 경험의 멸종은 진행 중인가? 정말 유감스럽지만 확실히 그렇다. 단순히 젊은이의 한탄에 불과했다고, 풋내기의 어설픈 열정에서 비롯된 과장법이라고 말할 수 있다면 얼마나 좋을까.

나비만 보더라도, 다양성의 요소가 더욱더 빠른 속도로 사라지고 있다. 나는 기존의 여러 데이터 기준치와의 비교와 후속 조사를 통하여 뉴욕 스태튼섬과 로스앤젤레스 분지의 오렌지 카운티, 샌프란시스코, 콜로라도의 오로라 같은 도시에서 나비 다양성이 급격히 감소했음을 증명했다. 이 중에서 가장 급격한 감소가 일어난 곳은 오로라였다. 나는 자연의 변화 정도(내가 ΔN이라고 부르는 것)라는 파생 지표를 통하여 경험의 멸종을 수량화하는 방법을 고안했다. 이 방법에 따라 지역의 나비 멸종이 상징하는 바에 따르면, 아이들을 비롯해 주민들이 자연 다양성을 접촉할 기회가 크게 줄어들었을 가능성이 크다는 사실을 보여주었다.

나는 다른 에세이에 이렇게 적었다. "곤충과의 접촉을 계기로 현재의 직업을 선택하게 된 생물학자와 환경보호 운동가, 기타 전문가의 비율이 높다는 사실을 고려하면, 도시의 나비 멸종이 시사하는 것처럼 ΔN은 경험의 멸종 상태를 알려주고 그 영향을 예측하는 신뢰할 수 있는 지표라고 할 수 있다. 지금의 오로라에서 앞으로 환경 분야의 지도자가 나오지 않을 것이라는 사실을 증명하는 것은 불가능하지만, 오로라에 사는 아이들이 열렬한 자연주의자와 친환경 유권자가 될 가능성은 그 지역 나비의 개체 수와 다양성과 함께 감소했다고 결론지어도 무리가 아닌 듯하다."

최근 몇 년 동안 발표된 몇몇 연구에서는 나비 감소 현상이 훨씬 더 심각하며 한 지역에서 전체 동물군의 상당 부분이 붕괴하는 것에 이른다는 사실을 확인시켜주었다. 아서 샤피로는 몇몇 지역에서 35년 동안 격주로 나비를 모니터링하고 분석했다. 그 결과, 그와 공저자들이 발표한 논문에서 "캘리포니아 저고도 나비 동물군의 감소 만연"이라고 묘사한 현상이 발견되었다. 나비 기록 프로그램의 원조 격인 영국 나비 모니터링 계획은 2015년에 발표한 〈영국의 나비 서식 실태〉에 관한 논문에서 다음과 같이 보고했다. "새로운 분석 결과는 1976년 이후 나비의 발생과 풍부도가 각각 70%, 57% 감소함으로써 현재 영국의 나비 감소가 심각하고 장기적이며 현재 진행 중이라는 추가적인 증거를 제공한다."

최근에는 오리건주립대학의 타이슨 웨프리치가 27년 동안 1,600여 개 부지에서 이루어진 오하이오 나비 모니터링 프로그램의 통계 분석 결과를 발표했다. 전체적인 풍부도가 25% 감소했고 배추흰나비를 포함하면 34%였다. 나비뿐만이 아니다. 《사이언스》지와 《사이언티픽 아메리칸》지의 최근 호들은 전 세계 과학자들이 왜 "곤충 아마겟돈"이라고도 하는 곤충의 개체군과 다양성의 급감 현상을 보고하는지 파헤치는 내용을 실었다. 더 최근에 이르러 《뉴욕 타임스》지에 실린 브룩 자비스의 기사 "곤충 아포칼립스"는 입소문을 타고 널리 퍼졌다. 읽어보거나 들어본 사람이 많을 것이다.

지금까지 쌓인 많은 연구에서는 다양성의 감소뿐만 아니라 풍부도도 우려하고 있다. 마이클 매카시는 2015년에 펴낸 책 《나방 눈보라: 자연과 기쁨》에서, 영국에서 보낸 어린 시절 밤만 되면 나방이 너무 많아서 부모님의 자동차 전조등에 비친 나방이 꼭 눈보라 같았다고 이야기한다. 이제는 아니다. 나아가 그는 고통스러운 현실을 세세히 기록하고 영국이나 다른 곳에서 야생동물 개체군이 크게 줄어든 이유를 분석해 나간다. 대부분의 감소는(영국 나비의 경우에서 보듯) 전통적인 농업 방식의 변화, 특히 경작과 화학물질의 극대화 때문이다.

따라서 인간과 다양성, 풍부도는 본질적으로 대립하지 않는다. 영국인과 그들의 전통적인 농업, 경작지는 빙하의 후퇴 이후 야생과 길들여진 종과 함께 진화해왔다. 야생화와 난초, 나비 등 수많은 것들이 풍부하지만 소와 양을 위해서도 생산적이었던 영국의 고대 초원은 제2차 세계대전 때까지 흔했고 그 후 급격하게 줄어들었다. 생산 증가와 집중화가 주요 원인이었다. 나머지 유럽 대륙과 글로벌 노스Global North(세계를 사회경제적 기준으로 나누었을 때 부유한 국가들이 대부분 세계 지도의 위쪽 부분에 위치한다고 하여 생긴 명칭-옮긴이)에도 유사한 패턴이 나타났다. 적도 주변의 열대 생물들도 착취로 인해 줄어들었다.

지금 우리는 열렬한 토론이 이루어지고 있는 여섯 번째 멸종의 문턱에 이르렀다. 그러면서도 우쭐한 자만심으로 새로운 지질학적 시대의 이름을 짓는다. 기후 상태는 달마다, 아니 하루마다 더 나빠지고 있다. 수많은 생물이 감소하고 있는데 단 한 종만 줄기차게 늘어난다. 인간 말이다. 그렇다고 인간이 유일한 승자는 아니다. 전체적인 생물의 개체군과 다양성이 감소함에 따라 범위를 확장하고 그 어느 때보다 빠르게 확산되는 종들도 있다. 예를 들어 해양 생물학자들은 플랑크톤에 속하는 '살프'가 바다를 장악해 그물을 망치고 발전소를 멈추게 할 것이라고 말한다. 심지어 매년 북쪽으로 이동하는 작은멋쟁이나비처럼 기후 온난화에 따라 오히려 증가하는 나비들도 있을 것이다. 그러나 승자는 일반종이다. 희귀종일수록 먼저 감소하는 경향이 벌써 확인되고 있다.

하지만 규모 있는 나비 연구들이 보여주듯 다수의 일반종도 위기를 겪고 있다. 장기적으로 이루어진 하이라인 운하의 연간 나비 집계는 슬프게도 최근 몇 년 동안 숫자가 계속 줄어들고 있다. 유감스럽지만 초승달나비와 올림피아 대리석날개나비뿐만 아니라 아주 많은 종류의 나비가 사라진 듯하다. 내 조사에 따르면 1959년~1970년까지 하이라인 운하 주변에는 미국에 서식하는 나비의 10분의 1에 해당하는 종이 서식하고 있었다. 지금은 얼마나 남았는지 알기조차 두렵다.

이처럼 경험의 멸종은 점점 더 빠른 속도로 진행되고 있다. 아이들이 전자기기 때문에 실제 세계의 물리적인 디테일에 관심을 기울이지 않게 된다는 사실은 상태를 악화시킬 뿐이다. 삶의 게임화는 경험의 멸종을 자초한다. 생물 다양성의 상실로 이어지는 수많은 길에 놓인 우리는 어떻게 해야 할까?

자연관리단에서 일했을 때, 그때 거기에서 아주 흔하게 사용되던 표현이 있었다. "땅을 개발의 물줄기에서 떨어뜨려라"라는 말이다. 언제 어디서나 할 수 있는 이 행위와 다양성 요소를 유지하기 위한 부수적인 관리는 여전히 실행할 가치가 있다. 내가 그렇게 생각하는 이유는 다음과 같다.

1. 만약 앞으로 심각한 멸종이 닥친다고 할 때, 손실의 홍수

를 막기 위해 지금 할 수 있는 모든 일을 다 해놓는다면 다음번 새로운 진화에 필요한 재군집의 저장고가 풍부해질 것이다. 다시 말해서, 오늘 만반의 준비는 내일의 더 나은 시작을 의미한다.

2. 인간이 성장을 계속 추구하고 그 결과 세상을 지탱해주는 많은 종이 계속 줄어든다면, 지금의 상업과 기술 문화는 언젠가 붕괴하고 말 것이다. 그렇게 되면 살아남은 저기술 인류는 다른 종들과 함께 서식하기 위하여 또 무던히 애써야 한다. 어쩌면 종말 이후 탈기술의 세계는 디스토피아도, 유토피아도 아니고 1970년대에 작가 어니스트 캘런바흐가 "에코토피아"라고 이름 붙인 것과 비슷한 모습일지도 모른다. 따뜻한 관심을 기울이는 이웃들, 식물을 돌보는 기술, 도시 한가운데의 인간적인 녹지 공간을 준비해둔다면, 생존과 정착이 이루어지기에 좀 더 수월하지 않을까?

3. 우리가 지금 지킬 수 있는 모든 조각의 아름다움과 생물학적 풍성함은 여전히 주변 세상을 열린 눈으로 보는 사람들에게 경험의 멸종에 대한 해독제가 될 것이다. 코스타리카의 생태학자이자 작가인 알렉산더 스커치는 이렇게 적었다. "자연에게 감사한 마음을 가지고 있는 사람은 자신이 가진 모든 능력을 써서 세상을 보전하고, 앞으로

수많은 세대에게도 감사하는 마음을 길러주어야 할 성스러운 의무가 있다. 자연에게 감사하고 소중히 여기는 사람이야말로 세상의 가장 큰 희망이다."

여전히 나는 굴뚝새도 모르는 아이에게 콘도르의 멸종이 무슨 의미가 있을지 의아하다. 하지만 이건 안다. 포틀랜드의 전설적인 도시 생태학자 마이크 후크가 최근 보내온 내용이기도 하다. "특히 아이들은 '가까운 도달 반경' 안에서 자연에 접근할 수 있어야 합니다. 어른들도 마찬가지입니다!" 정말 맞는 말이다.

이 말도 해야겠다. 잃은 것이 많지만 얻은 것도 있었다. 예를 들어 캘리포니아주의 신중하고 계몽된 책임 관리 덕분에 콘도르를 비롯한 일부 희귀종과 생물군이 돌아왔다. 대부분 생명을 끌어당기는 천연자석이자 묘목장인 수로를 통해 이루어진 일이었다. 경험의 멸종으로 인한 문화적, 생물학적 피해를 견뎌내려면 분수계의 측면으로 접근해야 성공할 수 있을 것이다. 그것만큼 불가분의 생태 단위가 있을까?

나의 옛 도랑 하이라인 운하 같은 곳에 구원이 있다. 지금 하이라인 운하 보존단을 비롯한 사람들에 의해 그곳에서 소중한 노력이 진행되고 있으니 어린 자연학자의 신전이었던 미루나무 생태통로의 옛 영광이 재현될 수 있으리라는 희망을 품어본다. 비슷한 노력이 다른 곳들에서도 이루어지고 있다. 제한적이지만 상호 연결된 영역에서 성공을 거두고 있으므로, 지역에 실질적인 결과를 가져올 것이다. 도달 반경 내의 서식지를 어떻게 보전하고 관리하고 사랑하느냐에 따라 앞으로 펼쳐지는 세상은 완전히 달라질 것이다.

그렇다! 모든 사람의 도랑은 여전히 중요하다.

열두 번째 이야기

사스콰치의 기호학

거대한
털북숭이
유인원이
가진

은유적인
힘에
대하여

북미에서는 록키산맥의 깊고 험준한 산 속에 털이 많고 체구가 큰 유인원이 산다는 이야기가 전해진다. 미국에서는 '빅풋'이라 부르고, 캐나다에서는 주로 '사스콰치'라 칭하는 바로 그 존재다.

내가 《빅풋이 걸어 다니는 곳: 다크 디바이드를 건너며》를 출간했을 때, 출간 기념으로 북 투어를 진행했었다. 그때 빅풋에 대한 사람들의 다양한 반응을 접할 수 있었다. 재미있었던 건 빅풋이 실존한다고 믿는 사람들의 진심 어린 희망을 내 책이 빼앗을지 모른다고 걱정하던 이들이 많았다는 사실이다.

하지만 내가 책을 통해 말하고 싶은 것은 빅풋이 실존하나 아니냐에 대한 입증이 아니다. 중요한 것은, 그리고 우리가 진지하게 생각해봐야 할 것은 빅풋의 존재가 우리에게 어떤 의미가 있냐는 것이다.

태평양 북서부 전역을 순회하는 북 투어 기간에 움베르토 에코의 《장미의 이름》을 읽었다. 프란치스코회 소속의 수도사 배스커빌의 윌리엄과 그의 지도를 받는 베네딕토회의 수련 수사인 멜크의 아드소가 나눈 대화가 큰 즐거움을 주었다. 두 사람은 중세 이탈리아의 신비로운 요새 같은 수도원의 웅장한 비밀 장서관을 조사하면서 살인이 분명한 일련의 사건을 마주한다. 젊은 아드소는 기록실에서 채색 동물 우화집을 살피다가 박식한 스승으로부터 유니콘이 연대기 작가들의 상상 속에만 존재하거나 코뿔소 같은 동물의 목격담이 시간이 지남에 따라 유니콘으로 바뀌었을 수도 있다는 말을 듣고는 괴로워한다. 윌리엄은 아드소에게 "책은 믿도록 만들어진 것이 아니라 탐구 대상이 되기 위해 만들어진 것"이라고 설명한다. 문자 그대로의 진리는 아니지만 "이 책들이 말하는 것처럼 유니콘은 도덕적인 진실, 우화적 또는 유사적인 진리를 상징한다"라고.

"글자가 거짓말을 하지만 더 고결한 진실이 표현될 수 있는 거군요." 아드소는 대답한다. "그래도 유니콘이 존재하지 않거나 존재한 적도 없었거나 언젠가 존재할 수도 없다는 생각이 저를 슬프게 합니다."

그러자 윌리엄은 이 말로 그 순간을, 아드소의 감정을 구해준다. "신성한 전능에 제한을 두는 것은 불법이 아니다. 그리고 신의 뜻이 있다면 유니콘도 존재할 수 있어. 하지만 이렇게 위로하거라. 유니콘은 책 속에 존재하므로, 실제로 존재한다는 말은 아니어도 존재 가능성을 뜻하는 것이라고."

나는 이 책을 읽게 되어 기뻤다. 독자들이《빅풋이 걸어 다니는 곳》을 읽고 했으면 하는 생각을 정확히 표현해주기 때문이다. 관찰된 사실들로 보자면 북미의 이름 없는 원인(猿人)의 존재를 환상이나 속임수, 은유로 치부하는 것은 어리석은 일로 보인다. 하지만 나 자신도 직접 본 적이 없으므로 내 책에 근거해 빅풋의 존재를 '믿어야' 한다고 정직하게 혹은 과학적으로 엄정하게 말할 수는 없다. 하지만 책의 요점은 절대로 그게 아니다. 오히려 책에 담긴 내용이 탐구의 대상이 되어야 한다고 말할 수 있을 것이다. 실제로 존재한다고 말하지는 않지만 존재 가능성을 이야기한다고 말이다.

움베르코 에코의 책을 읽고 대부분의 문학 비평에 나오는 전문용어가 그렇듯, 알고 있지만 제대로 사용하지 못했던 용어를 다시 익혔다. 바로 기호학이다. 움베르토 에코는 대표적인 기호학자 중 한 명이다. 기호학은 좀 무시무시하게 느껴지지만 에코의 책과 마찬가지로 사실은 그렇게 어렵지 않다. 가장 단순하고 순수한 형태로 말하사면 기호학은 기호를 연구하는 학문이다. 위키에 따르면, '기호계'는 "어떤 유기체가 기호를 통해 세상을 이해함으로써 의미를 형성하는 과정"이며 이것은 에코가 주로 활동한 기호학의 영역이다.

내가 이 이야기를 꺼낸 이유는 반세기 전에 일어났던 일 때문이다. 1967년 10월 20일, 워싱턴주 야키마 출신의 두 카우보이는 캘리포니아 북서부의 식스 리버스 국유림의 블러프 크릭에서 암컷 빅풋을 보았다고 주장했다. 그들이 약국에서 빌린 16mm 영화 카메라로 찍은 영상은 그 유명한 '패터슨-김린 영화'가 되었고 지금도 여전히 빅풋의 실존 여부를 두고 벌어지는 논쟁의 핵심에 자리한다. 이 영상은 가짜라고 증명되지 않았다. 진짜라고 증명된 것도 아니다. 이 사실은 로저 패터슨과 로버트 김린을《장미의 이름》에 나오는 수도원의 필사자 같은 흥미로운 위치에 가져다 놓는다. 그들의 유명한 영상은 사스콰치가 실제로 존재한다는 것을 증명할 수는 없지만 '존재 가능성에 대해' 말한다. 이것은 결코 사소한 일이 아니다.

하지만 가장 내가 하고 싶은 이야기는 영상에 나오는 생명체 '패티' 관한 것이다. 최근 몇 년간 '아이콘'만큼 진부해진 단어도 없을 것이다. 두 번 정도 봤다 하면 갑자기 아이콘이 되어버린다. 하지만 패티는 그 단어가 평가절하되기 전까지, 진짜 아이콘이었다. 시내를 가로질러 걸어가는 그 모습, 패터슨을 향해 뒤돌아보는 너무도 유명한 그 순간적 이미지, 한쪽 팔은 위로 올리고 다른 팔은 뒤에 놓고 큰 걸음으로 성큼성큼 걷는 그 모습은 김린이 날뛰는 말들을 붙잡고 패터슨이 말에서 내려 촬영한 이후로 50년 동안 전 세계 사람들의 머릿속에 새겨졌다.

패티는 방향제, 범퍼 스티커, 도로 표지판, 도시락, 티셔츠, 정원의 말뚝, 문신, 액세서리 그리고 내가 쓴 책의 표지를 포함해 수많은 상품을 장식한다. 대여한 DVD에 나오는 BBC 아메리카 방송의 예고편에서 붉은 옷을 입은 패티가 TV 화면을 가로질러 걸어가는 것도 봤다. 한마디로 패티는 오늘날 전 세계에서 가장 보편적으로 알려진 기호/상징/이미지 중 하나라는 것이 내 생각이다. 너무 많이 사용되어 이제는 원래의 의미가 거의 남지 않게 된 또 다른 단어는 '밈meme'이다. 하지만 폴 길의 원래 정의대로 밈이 "바이러스처럼 전염되는 문화적 상징 또는 사회적 개념"이라면 패티는 밈이 확실하다. 여기에서 다시 기호학으로 돌아간다. 내 생각에 패티의 지위와 특징은 도상학의 역사를 통틀어 지울 수 없는 기호 중 하나를 나타내기 때문이다. 이 모든 것이 50년 전 어느 날 오후 캘리포니아 트리니티 알프스의 작은 개울에서 일어난 접촉에서 비롯되었다.

하지만 마침내 우리가 물어야 할 것은 이것이다. 사스콰치의 기호가 사람들에게 진짜로 전하는 말은 무엇인가? 그 기호의 '사회적 개념'은 무엇인가? 분명 장난으로 여기는 사람들도 많을 것이다. 터무니없을수록 더욱더 재미있는 장난으로 말이다.

BBC 영상에서 패티가 영국인 경찰 뒤에서 걸어가는 모습에 담긴 핵심도 바로 그것이다. 시각적으로 불합리한 추론. 어떤 사람들에게는 사스콰치의 전체 명제 자체가 터무니없으므로, 그 기호에는 단지 우스꽝스러움만 함축될 것이다. 반면 그런 존재가 정말로 살아서 돌아다닌다고 믿고 관심을 가지는 사람들에게, 패티는 친절한 알림이자 표지판이 되어준다. 열렬한 신봉자나 집착적으로 매달리는 사람, 전문가에게 패티의 밈은 양쪽 모두일 수 있다. 빅풋의 존재가 대중문화 깊숙이 침투한 사실에 자랑스러운 미소를 짓거나, 빅풋의 존재를 믿는 자신들과 너무도 동떨어진 단순한 인식 수준에 갇혀있는 사람들에게 오만한 비웃음을 짓거나. 바로 여기에서 시작된다.

나는 패터슨과 김린이 세상에 선사한 기호 언어를 깊이 분석하고 싶은 마음은 없다. 그 이미지가 나에게 무엇을 의미하는지 그리고 다른 사람들에게 무엇을 의미했으면 좋겠는지를 말하고 싶을 뿐이다.

물론 나는 실제로 지구의 동식물계를 이루는 존재일지도 모르는 빅풋에 웬만큼 관심은 있다. 진지한 목표를 가지고 빅풋에 대한 책을 쓴 몇 안 되는 생물학자 중 한 명이니, 보통 사람보다 관심이 더 많을 것이다. 하지만 나는 기호학의 또 다른 영역인 이 거대한 털북숭이 원인이 가진 은유적인 힘에도 관심이 있다. 모닥불 너머 저 깊은 곳 어딘가에 있을 우리 모두에게 절실하게 필요한 '무언가', 즉 야생을 상징하는 힘 말이다.

빅풋의 존재 가능성으로 현대의 아드소들에게 위안을 주고 싶었던 만큼(유니콘은 아니더라도), 독자들에게 야생성을 떠올리게 하고 싶었다. 사람들이 방향제와 맥주 컵 받침에서 패티를 볼 때 혹은 숲에서 휙 스쳐 지나가는 까만 그림자를 볼 때마다, 야생이라는 단어를 떠올렸으면 좋겠다. 나는《빅풋이 걸어 다니는 곳》에 이렇게 적었다.

> 빅풋 신화가 탄생한 바로 그 야생이 빠르게 사라지고 있다. 남은 것들, 즉 도로 없는 지역과 원시림은 지금 힘겹게 버티는 중이다.

만약 우리가 넓은 빅풋 서식지를 남겨둔다면 적어도 소중한 자연의 일부가 보전되는 것이다. 그렇게 하지 않으면, 빅풋은 실존 여부와 상관없이 사라지고 만다. 빅풋의 그림자가 그 존재를 믿는 사람들로부터 도망칠 것이다. 저 무성하게 뒤엉킨 땅을 바라보면 사스콰치가 마을, 벌목꾼, 사냥꾼, 등산객과 조화롭게 공존할 수 있다는 사실을 받아들일 수 있다. 그러나 땅이 완전히 길들여지면 저 땅 어딘가에 거인들이 있다고는 절대 상상할 수 없을 것이다.

그렇다. 블러프 크릭을 성큼성큼 가로지르는 패티, 어디에서나 쉽게 볼 수 있는 그 이미지에 담긴 의미는 바로 이것이리라. 평화와 정의 같은 쉽지 않은 과제처럼, 빅풋의 실존도 충분히 가능할 수 있다. 하지만 빅풋이 살고 있을 것 같은 장소가 남아있어야만 가능하다. 그런 땅이 사라지면 희망도 사라진다.

"하지만 이렇게 위로하거라.
유니콘은 책 속에 존재하므로,
실제로 존재한다는 말은 아니어도
존재 가능성을 뜻하는 것이라고."

_움베르트 에코, 《장미의 이름》 중에서

열세 번째 이야기

1년간
새를
관찰하러
떠나는
여행,
빅 이어

새 대신
나비를 보러
떠난

나만의
빅 이어
기록

미국의 조류 관찰자들이 오랫동안 숭배해온 매우 까다로운 비공식 대회가 있다. 바로 '빅 이어Big Year'다. 단순하고도 거창한 이름의 빅 이어는 미국과 캐나다의 자연으로 나가 1년 동안 최대한 많은 종의 새를 찾고 관찰하는 활동을 말한다.

나의 경우, 70세 생일을 맞이했을 때 나비학자라는 직업에 충실히 '나비 빅 이어'에 도전했다. 물론 1년 내내 밖에서 보낸 것도 아니고 1년 내내 스릴이 넘친 것도 아니었다. 전부 다 이야기하자면 매우 두꺼운 책 한 권이 될 것이다. 여기서 핵심은 1년간의 모든 과정을 기록하는 것이 아니라 이렇게 묻는 것이다. 빅 이어를 왜 하는가? 무엇을 배울 수 있는가?

유명한 조류 관찰자 로저 토리 피터슨은 1953년에 영국인 친구 제임스 피셔와 북미 대륙의 자연을 둘러보게 되었다. 피터슨은 수년간 유럽의 야생 장소와 주요 조류 서식지를 공유해준 피셔에게 보답하고 싶었다. 그래서 그 해에 피셔가 북미 대륙으로 왔고 둘은 낡은 포드 스테이션 왜건을 타고 탐조 여행을 떠났다. 그들은 값싼 기름과 5센트짜리 콜라에 의존하며 북미 대륙의 이쪽에서 저쪽으로 수천 마일을 운전했다. 그 시대는 지금과는 사뭇 달랐다. 플로리다주 올랜도를 "매력적인 내륙 도시"라고 표현했으니까 말이다. 한 출판사가 1955년에 두 사람의 여행을 책으로 펴냈는데, 그 책이 바로 세월이 흘러도 여전히 섬세하고 재미있는 책《와일드 아메리카》다. 지금까지 단 한 번도 절판된 적 없는 고전이라 할 수 있겠다.

피터슨과 피셔가 처음부터 빅 이어를 계획한 것은 아니었다. 실제로 그들의 야생 순회는 겨우 100일간 이어졌을 뿐이다. 하지만 그들이 그 기간에 본 새는 총 532종으로 그 전까지 이루어진 빅 이어의 최고 기록 종수보다 많았다. 그 후에 피터슨이 1년 동안 총 572종으로 또 기록을 갈아치웠다. 또 다른 영국인 스튜어트 키스는 1956년에 1년간의 여정을 떠나 598종을 발견했다. 숫자는 서서히 600대를 넘어갔다. 1973년에 16세의 켄 카우프먼이 신기록에 도전했다. 훗날 훌륭한 현장 가이드 시리즈 작가이자 편집자가 되는 켄은 당시 고등학생이었고 열정적인 조류학 애호가였다. 그는 북미 대륙을 여행하며 새를 찾아다니기 위해 부모님의 허락으로 학교까지 그만두었다. 어머니는 그에게 히치하이킹만 하지 말라고 당부했다. 하지만 가난한 소년에게 달리 무슨 이동 수단이 있었을까? 그는 75,000마일을 히치하이킹으로 이동했다. 야영을 하고 산에서 열매를 따 먹고 이곳저곳과 사랑에 빠지며 경비로 단돈 1,000달러만 썼다. 더 많은 새를 발견해 신기록의 가능성을 높이려고 베테랑 탐조가들의 도움을 받아 외딴 섬까지 가서 숫자를 쌓아나갔다. 후반부에 접어들 무렵 그는 또 다른 새 관찰자 플로이드 머독도 신기록에 도전하고 있다는 사실을 알게 되었다. 켄은 바다에서 그와 함께 새를 관찰하며 처음에는 뒤처질까 봐 조급했지만 결국에는 상관이 없어졌다. 숫자보다 더 중요한 것이 생겼기 때문이다. 당시의 경험은《킹버드 하이웨이: 열성적인 새 관찰자의 인생 최고의 해》라는 제목으로 출간되었다.

빅 이어의 그다음 커다란 이정표는 2003년에 출간되어 큰 인기를 얻은 마크 오브마시크의 책《빅 이어: 인간과 사람 그리고 새 사랑에 관한 이야기》다. 빅 이어에 도전하는 세 사람의 경쟁을 담았다. 훌륭하지만 카우프먼의 책과는 사뭇 다르게 남자들의 경쟁에 관한 부차적인 요소가 가득하다.

빅 이어는 2011년에 동명의 영화 소재로도 쓰였다. 광적인 새 관찰자 3명이 주인공인데 스티브 마틴, 잭 블랙, 오웬 윌슨이 출연한다. 영화 내용과 달리 현실에서 빅 이어 탐조 기록의 종수가 700대로 넘어간 것은 1980년대 중반 벤트 바샴에 의해서였다. 현재 빅 이어 신기록은 2016년에 오스트레일리아의 존 바이겔이 세운 836종이다.

이제 조류계의 빅 이어는 흔해졌다. 하지만 나비계의 빅 이어는 없었다. 나는 피터슨/피셔와 카우프먼 모두에게 영감을 받아 2008년에 최초의 '나비 빅 이어'에 도전했다. 우여곡절을 겪은 나의 나비 빅 이어 모험담은《마리포사 로드》라는 책으로 세상에 나왔다. 나비 빅 이어는 내 인생 최고로 웅장한 현장 학습이었다.

10년 후 다시 한번 도전해보고 싶어진 나는 2017~2018년 70세 생일과 71세 생일 사이에 워싱턴주에서 나비 빅 이어를 하기로 했다. 꼭 1월 1일부터 12월 31일까지 할 필요는 없다고 생각했다. 여기 북쪽 지방에서 1년 동안 나비를 찾는 일은 상당히 지루할 수밖에 없기 때문이다(적어도 찾는 대상이 나비라면 그렇다). 그리고 미국 전역을 돌아다녔던 빅 이어와 달리 이번에는 딸린 짐까지 있었다. 내 담당 치과의사였고 좋은 현장 학습 동무인 닥터 데이비드 브랜치였다. 우리는 적어도 1년에 한 번은 기억에 남을 만한 현장 학습을 떠나기로 했는데, 이번에는 몇 차례에 걸쳐 여정을 이어가기로 했다.

빅 이어 아이디어가 곧바로 떠오른 것은 아니었다. 처음에는 그저 70세는 의미 있는 생일이니 좀 크게 판을 벌여보면 어떨까 하는 수준이었다. 80세 생일을 과연 살아서 맞이할 수 있을지 불확실하니까 말이다. 그러니 70세 생일을 최대한 의미 있게 보내야 할 것 같았다. 번지 점프나 문신 같은 것은 내키지 않아 현장 학습을 선택했을 뿐이다. 야외에서 맞이하는 생일만큼 좋은 날은 없으니까.

처음에는 50세, 60세 생일 때 그랬던 것처럼 야생으로 떠나는 하이킹 쪽으로 마음이 기울었다. 배낭을 메고 호스슈 분지로 가서 실제로 본 적 없는 노랑나비속의 래브라도 설퍼를 보는 것도 좋겠다고 생각했다. 하지만 날짜가 다가올수록 벅찬 실행 계획과 그 지역이 이미 잘 알려져 있다는 사실, 산불과 연기 우려가 나를 다른 방향으로 이끌었다. 워싱턴주에서 표본 채집이 활발하게 이루어지 않은 다른 지역을 방문하면 어떨까? 나비 분포 지도에도 큰 도움이 될 것 같았다. 나비와 관련된 학문에서 내가 가장 관심 있는 분야는 나비의 생물지리학과 생태학, 보전이다. 어떤 나비가 왜 여기 있고 거기 없는지, 어떤 보전 대책이 필요한지를 알려면 분포를 파악하는 것이 필수적이다. 그래서 계획이 바뀌었다.

세상을 떠난 아내 테아와 마지막으로 함께했던 현장 학습은 2012년에 노스케틀산맥 남쪽을 걸었던 일이었다. 캐나다 국경과 인접한 북쪽인데 보통 사람들이 나비를 관찰하려고 즐겨 찾는 곳은 아니다. 그래서 그곳부터 시작하는 게 좋을 것 같았다. 한 가지 더 있었다. 70세 생일 기념이니까 한 달 동안 70종의 나비를 찾아보면 어떨까? 데이비드와 나는 처음에 그럴 계획으로 여행을 떠났다. 그런데 첫 주 만에 워싱턴 북동부 지역에서 워싱턴주에 서식하는 153종 가운데 벌써 3분의 1이 넘는 나비를 찾았다. 그래서 우리는 몰트 위스키를 한두 잔 걸치면서 제1회 워싱턴 나비 빅 이어를 시작하기로 무모한 결정을 내렸다. 안 될 것 없지 않은가? 그렇다면 앞으로 약 100여 종을 더 찾아야 한다는 뜻이었다. 그중에는 매우 보기 힘든 종들도 포함되어 있었다. 자연에서의 꽤 멋진 모험이 될 것 같았다.

70세 생일 당일은 정말로 멋진 하루였다. 우리는 애니산에서 표본 채집을 하기로 했다. 올라가는 길의 바짝 자른 푸르고 촉촉한 봄의 목초지가 나비보다도 더 매력적이었다. 길 끄트머리에서 낙엽송 숲이 빽빽하게 둘러싼 거의 정상까지 올라갔다. 그날의 수확은 16종뿐이었지만 정말로 근사한 큰멋쟁이나비가 포함되었다. 오후 늦게 다시 내려갈 때는 저 멀리 엉겅퀴에 앉아있던 또 다른 표범나비를 발견했다. 워싱턴주에서 두 번인가 관찰되었지만 지금껏 표본이 채집된 적은 없던 종이었다. 얼마나 멋진 생일 선물인가. 종분화가 일어난 이 종은 남쪽에서 날아오는 방문자들인데 녀석들을 40년 동안 워싱턴주에서 찾아 헤맸더랬다.

그러고도 아직 시간이 있어서 보나파트호수 맨 위쪽과 개척시대의 광산촌 마을인 체소와 몰슨을 돌아보았다. 체소의 오래된 카우보이 술집에서 맛있는 스테이크와 맥주를 즐긴 뒤, 몰슨에서는 캐나다 국경의 가슴 뭉클한 석양을 감상했다. 숙소에 돌아와서는 15년산 맥켈란 몰트 위스키로 건배를 했다. 그날 잡은 표범나비를 위하여, 앞으로 펼쳐질 모든 모험을 위하여. 그날 본 다른 종들은 앞으로 또 볼 수 있을 게 분명했다. 그래서 특별한 표범나비를 만난 오후 4시를 기점으로 빅 이어를 시작하기로 했다.

그날부터 364일 동안 빅 이어가 이어졌다. 물론 1년 내내 밖에서 보낸 것도 아니고 1년 내내 스릴이 넘친 것도 아니었다. 전부 다 이야기하자면 첫 번째 빅 이어를 담은《마리포사 로드》만큼이나 두꺼운 책 한 권이 될 것이다. 여기서 핵심은 1년간의 모든 과정을 기록하는 것이 아니라 이렇게 묻는 것이다. 빅 이어를 왜 하는가? 무엇을 배울 수 있는가? 나비들과의 길었던 1년에서 가장 대표적인 장면 몇 가지를 소개한다.

2017년 7월 21일: 원주민 콜빌 부족 엄마 2명이 보호구역 호숫가에서 뛰노는 아이들을 지켜본다. 인공물은 하나도 눈에 띄지 않는다. 호숫가의 자갈 위에 오리건 산호랑나비와 베커 흰나비, 주홍부전나비속의 퍼플리시 카퍼와 멜리사 블루 나비가 함께했다.

8월 15일: 다시 한번 캐스케이드를 넘어 야카마 카운티로 갔다. 작은 연못은 여름의 찬란한 나비 날개로 가득했다. 해변에 핀 분홍색 개모밀덩굴을 떼 지어 공격하는 부전나비족 아크몬 블루도 있다. 북쪽 해안을 따라 버드나무 사이의 시원한 그늘을 걷는데 밝고 커다란 신선나비가 날아와 내 머리 위를 빙빙 돌았다. 나도 모르게 "신선놀음하기 딱 좋은 곳이네!"라는 말이 튀어나왔다. 텐트를 치고 따뜻한 바람과 저 아래 협곡에서 들려오는 기차의 기적 소리를 들으며 잠들었다.

9월 1일: 자욱한 연기와 함께 음산한 9월의 아침이 밝았다.

데이비드 브랜치의 집에서 가까운 졸리산에 산불이 나서 2단계 대피 경고가 발령되었다. 유쾌한 벗이자 최고의 인시류 학자 조너선 펠햄이 다시 합류해 부전네발나비과의 모르몬 메탈마크를 찾아 나섰다. 가을에 모습을 드러내는 나비 중에는 녀석만 찾으면 되는데 아직도 못 찾았다. 이번이 마지막 기회다. 하지만 사방이 짙은 연기로 뒤덮이고 기온도 낮아서 성공하지 못할 것 같다.

나비 빅 이어는 바뀌는 계절에 따라 자취를 감추는 종에 주의를 기울이는 것이 무척 중요하다. 시기를 놓치면 빅 이어가 끝나기 전까지 볼 수 없기 때문이다. 하지만 걱정할 필요가 없었다. 리서 캐니언에 도착해 연기 자욱한 시들고 건조한 경관으로 발을 내디디자마자 새 동전 같은 작은 메탈마크가 여기저기에서 튀어나왔다.

그곳은 조너선과 로크에게 맡기고 나는 캐스케이드를 뒤덮은 연기를 피할 수 있기를 바라면서 남쪽과 동쪽으로 내려가 컬럼비아강으로 향했다. 날씨가 덥고 고요했다. 멕시코계 미국인 마을에 들러 초콜릿 막대 아이스크림을 사 먹었다. 그곳에서 나비가 이루는 정말 멋진 장관을 목격했다. 멕시코에서 제왕나비 떼에 둘러싸였을 때 이후 가장 멋진 광경이었다. 오렌지색 구름 같은 수만 마리의 노랑나비가 빙빙 돌고 위로 올라가고 서로 치근거리고 아래로 내려가기도 했다. 제왕나비와 줄나비가 털부처꽃밭에서 꿀을 빠는 멋진 광경이 펼쳐졌다. 털부처꽃은 습지에서는 성가신 침입성 잡초지만 워싱턴주에서는 이동하는 제왕나비에게 중요한 꿀 공급원이 되어준다.

2018년 4월 18일: 라니냐 현상 때문에 캐스케이드산맥의 건조한 지역도, 비가 많이 내리는 워싱턴 서부도 매주 상태가 끔찍하다. 나처럼 찾으려는 대상이 나비라면 더욱더 끔찍한 상황이다. 3~4월이면 세이지브러시로 뒤덮인 초원 지대에 모습을 드러내는 나비 두어 종을 이미 놓쳤다. 어느 맑고 따뜻한 날에는 더 참지 못하고 동네 언덕으로 나갔다. 에덴 계곡의 푸른 목축지 끝자락에 있는 울타리 쳐진 통나무길이 북동쪽의 사유지 산림으로 이어진다. 한동안 벌목이 이루어지지 않은 구간이라 길가의 초목 상태가 아주 좋았다. 아름다운 봄 야생화도 많고. 그동안 따뜻한 날이 거의 없어서 번데기가 아직 성장하지 못해 내가 찾는 새로운 종을 보기에는 너무 시기가 일렀다. 하지만 푸른부전나비속의 밝은 파란색 에코 어주어가 많았는데(프로스트가 "쏟아지는 하늘 조각"이라고 표현한 바로 그 나비), 번데기에서 갓 탈바꿈한 수컷도 많았다. 길에서는 버터 같은 리넨색의 흰나비가 수십 마리씩 위아래로 활공한다. 이 두 나비는 일곱 마리씩 무리 지어 봄꽃에도, 길가 바위의 새끈끈이 자국으로도 날아갔다. 이미 찾은 종들이라서 빅 이어의 기록에는 도움 되지 않지만 아름다운 나비 떼를 보니 이슬비 내리는 침울한 계절에서 봄으로 들어간 듯하다.

5월 12일: 또 다른 젊은 동료 케이틀린 라바와 함께했다. 우리는 이 지역의 나비를 다루는 새로운 현장 안내서를 같이 썼다. 그녀가 스카마니아 카운티의 심장부로 데려가 주었다. 도그산 아래 메밀밭에는 컬럼비아 블루 나비가 있었고, 그래시 놀에는 브램블 녹색부전나비 같은 봄 나비들이 날아다녔다. 마지막에는 전나무에 앉아서 쉬는 주바 팔랑나비들을 발견했다. 눈이 녹은 지 얼마 되지 않아서 아직 푸른 풀잎이 한 포기도 보이지 않았다.

6월 27일: 지난 봄, 야카마 부족이 '레이크베드'라고 부르는 높은 초원에 가려다가 눈이 녹아서 생긴 거대한 진흙 구덩이에 빠질 뻔해서 실패했더랬다. 하마터면 지금껏 그 구덩이에 파묻혀있을 뻔했다. 이번에는 남쪽에서 다시 올라가 보기로 했다. 레이크베드에서 몇 마일 떨어진 곳에 야카마 부족의 금줄이 처져 있어서 멈추어만 했다. 이리저리 찾아보다가 심코이산맥에서 올해 가장 빽빽하게 몰려있는 나비 떼를 발견했다. 거의 수천 마리에 이르렀는데 종류는 총 42종이고 새로운 종도 몇 가지 있었다. 나비들의 대축제가 따로 없었다.

7월 1일 이후: 빅 이어가 끝나는 날이 얼마 남지 않아 멋진 마무리를 위해 3주간의 현장 학습을 떠났다. 시간 차이를 얼마 두지 않고 두 가지 발견이 이루어졌다. 우선 호수에서 드문드문 들어선 커다란 갈대 사이에서 큰 황금색의 떠들석팔랑나비속 유마 스키퍼 한 마리를 발견했다. 그곳은 워싱턴주에서 녀석들의 유일한 서식지라고 알려져 있다. 그다음에는 다시 근처에서 야영하고 아침에 론 프랭크 패스로 가서 마침내 꼬마표범나비속 볼로리아 프레이야를 찾았다. 이 나비를 워싱턴에서 50년 동안 찾아 헤맸다. 이번 빅 이어에서도 가장 찾고 싶었던 나비 중 하나였다.

그 다음에는 그레이트 노스이스트를 둘러볼 차례였다. 초원으로 올라가면서 흔치 않은 여러 스키퍼 나비를 찾고 있었는데 대신 예상치 못한 녀석을 만났다. 바로 팔랑나비아과 롱 대시였는데 오카노간 카운티에서는 처음 발견되는 것이었다. 나비를 사랑하는 사람들은 지역에서 새로운 나비가 발견되는 것을 좋아하는데 오카노간 일대에서는 표본 채집이 거의 이루어져서 새로운 종을 찾기가 그렇게 쉽지 않다. 최근에는 광활한 초원에 팔랑나비아과의 유러피언 스키퍼가, 울창한 숲 가장자리에는 표범나비족 아틀란티스 프리틸러리와 노스웨스턴 프리틸러리가 많이 유입되었다. 다음날 설리번호수 동쪽을 찾았지만 나비가 별로 없었다. 빅 이어가 끝나는 날이 며칠 남지 않아서 워싱턴주 남쪽으로 쭉 내려가 블루산맥으로 향했다.

아름다운 산악 지대와 바싹 마르고 열기로 가득한 저지대를 쉬지 않고 가로질렀다. 오래전 아내 테아와 함께 연구했던 스프래그호수에서만 잠깐 멈추었다. 거기에는 나비가 별로 없었다. 하지만 현란한 밀크위드 꽃나무가 보여 뒤돌아갔더니 짙은 쐐기로 덮여있는 게 아닌가. 대여섯 마리쯤 되는 까마귀부전나비속 코랄 헤어스트리크 수컷이었다. 여기에서 보리라고 전혀 예상치 못했는데 정말 장관이었다. 물론 세찬 바람이 부는 슬레이크 피크 꼭대기가 더 예상치 못한 장소였지만 말이다.

그날 오후에는 더 멋진 장관이 기다리고 있었다. 스프래그 호수에서 블루산맥으로 이어지는 코스에서 조금 우회해 스텝토 뷰트 정상에 가기로 했다. 용암 평원을 뚫고 우뚝 솟은 높은 구릉지인데 예전에 언덕을 오르는 작은멋쟁이나비를 보았던 곳이다. 스텝토 뷰트 정상에 올랐더니 저 아래로 넓은 체크무늬 앞치마 같은 밀밭과 주변의 좁은 자연보호 서식지와 함께 녹색과 금색의 팰루즈 전체가 내려다보이는 가운데, 정상에 사는 나비들과 아래에서 올라오는 나비들이 한데 소용돌이치고 있었다. 6시경에 나비들이 전부 잠자리에 들려고 갔을 때 멋쟁이나비속 나비들이 나왔다. 첫 번째가 가장 희귀한 녀석이었는데 눈이 큰 미국멋쟁이나비로 내 옆의 아스팔트에 내려앉았다. 그 옆에 앉은 두 번째는 내가 찾고 있던 웨스트 코스트 멋쟁이나비였다. 믿을 수 없는 행운이었다. 이어서 작은멋쟁이나비 두 마리가 나타났고 마지막으로 레드 애드미러블을 만났다. 7시에 여러 종의 멋쟁이나비가 꼭대기 주변을 빠르게 날며 구애를 펼쳤다. 그 색깔과 움직임이라니, 진정한 나비 축제였다! 멋쟁이나비속 4종을 처음 본 것은 하와이를 포함해 이날이 처음이었다. 영원히 잊지 못할 것이다.

7월 19일: 오후 2시에 층층의 바다 구름에서 빠져나와 올림픽스 국립공원의 햇살 가득한 블루 마운틴 정상에 도착했다. 나는 여전히 북방알락팔랑나비를 찾고 있었다. 거기 있는 나비는 닮긴 했지만 내가 찾고 있던 나비는 아니었다. 올림픽스의 토착종인 헐버트 꽃팔랑나비였다. 스프링 화이트 흰나비는 여전히 산비탈을 날고 있었다. 다시 구름 속으로 들어가 산길을 내려왔다. 맛있는 해산물 식당에서 저녁을 먹으며 축하주를 들었다. 그렇게 워싱턴주에 서식하는 153종의 나비 가운데 127종을 찾으며 열정적으로 전력을 다해 놀아본 1년이 끝났다.

도대체 빅 이어를 왜 할까? 많은 계획과 시간, 기름, 노력이 필요한데 말이다. 제대로 하려면 1년 동안 오로지 이 한 가지 목표를 중심으로 삶이 돌아가야 한다. 절대 쉽지 않은 일이다. 도대체 이렇게까지 해서 뭘 얻는단 말인가? 무엇보다 무엇을 배울 수 있단 말인가? 얼마나 확실하고 진실한 지식인가? 인생을 바꿔줄 거라고 어떻게 확신하는가? 이게 바로 빅 이어의 인식론적인 부분이다.

어떤 사람들에게 빅 이어는 경쟁과 기록 깨기, 목표 달성을 의미한다. 동명의 책과 영화에서도 그런 분위기가 물씬 풍긴다. 나는 경쟁 게임을 즐기는 사람들에게 목표로 삼을 만한 것을 내놓았다. 2008년 빅 이어에서는 미국과 캐나다에 서식하는 486종(800종 가운데)의 나비를 찾았고 이번에는 워싱턴주에 서식하는 127종(153종 가운데)을 찾았다. 크리스 테니는 2015년에 내 뒤를 이어 두 번째로 북미 대륙 나비 빅 이어에 도전했고, 당연한 결과지만 523종을 찾아 나를 제쳤다.

내 친구 벤트 바샴은 미국의 빅 이어에서 처음으로 700마리의 새를 발견하는 기록을 세웠다는 사실을 매우 자랑스럽게 생각한다. 빅 이어는 해롭지 않은 활동이며 골프와 비교해도 나쁘지 않다. 어떤 사람들은 골프가 지금 이 순간에 온 정신을 집중하면서 스윙의 미학을 즐긴다는 점에서 정신 수련의 의미도 있다고들 한다. 경쟁에 대해서는 더 언급하지 않겠다. 내 빅 이어에는 전혀 해당하지 않는 부분이다. 내가 처음 시작한 일이라 내 빅 이어에는 경쟁 대상이 없었다. 달력의 날짜와 시간, 구름만이 내 경쟁자였다. 규칙도 직접 만들었다.

내가 생각하는 빅 이어의 가장 큰 장점은 이 땅의 물리적인 디테일에 주의를 기울이면서 배움의 곡선이 가속화된다는 것이다. 두 번의 빅 이어로 정말 많은 것을 배웠고 그 시간이 없었더라면 지금 이 자리에 있을 수 없었을지도 모른다. 나비의 종류와 행동, 분포, 생태를 전보다 잘 알게 되었다. 나비의 이웃들에 대해서도 마찬가지다. 빅 이어 기간에 그냥 밖에서 나비를 비롯해 움직이는 모든 것과 주변 환경에 주의를 기울이는 것만으로 지식이 쌓일 수밖에 없다. 매일 아름답고 멋진 것을 볼 수도 있고. 이런 모험을 위해 꼭 빅 이어를 해야 하는 것은 아니지만 빅 이어에 도전하면 평소보다 자연에서 보내는 시간이 많아지고 아름답고 멋진 부분도 자연히 뒤따른다.

이렇게 얻은 지식은 유행을 타지 않는 진실하고 지속적인 지식이다. 동물과 식물이 실제로 진화해온 날씨와 기후, 지질학 같은 물리적 환경에 놓인 모습을 직접 보고 얻은 지식이기 때문이다. 소로우가 잘 표현했다. "매일 물질을 보고 접촉하라. 돌, 나무, 뺨에 닿는 바람, 단단한 흙을! 실제 세계를! 상식을! 접촉하라! 접촉하라! 우리는 누구인가? 어디에 있는가?" 이런 종류의 지식은 의심할 여지가 없는 공정한 현실이므로 신뢰성이 있다. 개인의 필터에 영향받지 않으며 있는 그대로를 받아들이는 의지와 정직함에 달려있는 지식이다. 자신조차 속이지 않는 한 절대로 위조할 수 없다. 깊은 관찰을 많이 할수록 완전히 새로운 양의 지식을 경험하고 밝힐 수 있다. 빅 이어에 꼭 필요한 그런 관찰에서 과학이 흘러나오고 명확하고 두드러진 방식으로 더욱 탄탄해진다. 내 경험상 이전에 알려지지 않았던 것을 찾고 분석하고 확인하고 공유하는 것보다 흥분되는 일도 많지 않다. 내 빅 이어의 1번 나비 표범나비족 베리게이티드 프리틸러리처럼 말이다. 소로우는 또 말했다. "자연에 대한 새로운 사실을 알게 되는 것은 얼마나 달콤한가!" 이런 만족스러운 지식은 빅 이어 같은 흔치 않은 헌신을 가치 있게 만든다. 과연 인생까지 바뀔 수 있는지는, 각자에게 달렸다.

이것이 빅 이어가 주는 위대한 선물이다. 일상의 관심사, 사회적 의무, 가능하면 뉴스 같은 것도 가능한 범위만큼 옆으로 제쳐놓고 이 땅의 살아있는 요소에 세심한 주의를 기울이면 진짜 세상의 질감과 알갱이, 숭고함을 그대로 깊은 의식의 순간으로 불러들인다. 훌륭한 사냥꾼이라면 무슨 말인지 알리라.

내가 살고 공부하고 사랑하는 나라와 지역을 더 잘 알게 되었다는 것도 빅 이어가 준 선물이었다. 2017~2018년에 워싱턴주에서 한 번도 간 적이 없는 길을 운전해보고, 한 번도 걸은 적이 없는 곳을 하이킹하고, 내가 사랑했던 장소들도 오랜만에 다시 찾았다. 아내 테라를 비롯해 소중한 사람들과 함께한 추억 어린 여행과 그 길에서 이루어진 특별한 만남이 떠올랐다. 실로 오랜만에 워싱턴과 밀접하게 이어지는 느낌이 들었다. 그리고 거의 매일 야외에서 걷느라 힘이 붙어서 훨씬 건강해진 상태로 돌아왔다. 이 모든 장점은 내가 2008년에 북미 대륙을 돌아다니면서 했던 빅 이어도 똑같다. 더 크고 거친 차원이었지만.

무엇보다 빅 이어는 재미있다. 아무리 유익해도 재미가 없다면 도전 가치가 없을 것이다. 스텝토 뷰트 정상에서 네 종류의 멋쟁이나비를 본 그날, 해 질 무렵 워싱턴주에 서식하는 모든 종류의 멋쟁이나비가 한데 모여 내 옆을 빙빙 날았다. 재미의 인식론이 있는지 모르겠지만 나비 대풍년이 곤충 아포칼립스를 이긴다는 것은 알고 있다.

물론 항상 소풍 같은 분위기는 아니었다. 기후 온난화와 가뭄, 바람, 홍수, 산불, 비로 인한 나비의 비행 변화로 끊임없이 좌절해야만 했다. 위험, 지루함, 실망도 있었다. 하지만 빅 이어를 하는 1년 동안에는 아무리 세상에 끔찍한 일이 벌어져도 계속 힘찬 희망이 솟아난다. 적어도 매일 아침에는 그렇다. 희망이 묻는다. 오늘은 뭘 찾게 될까?

열네 번째 이야기

자연
문학의
경계

자연과
인간을
나누는

이원주의
개념에
대한
반발론

나는 여러 대학에서 객원교수이자 작가로 '환경 문학'을 가르치고 '자연 문학' 워크숍과 강의, 세미나를 진행하는, 흔히 '자연주의 작가nature writer'라 불리는 사람이다. 하지만 사실 그런 글은 존재하지 않는다는 확고한 믿음을 갖고 있다. 별로 주목받지 못하는 장르의 글을 쓴다는 사실에 소외감을 느끼는 동료들 때문이 아니다. 물론 그런 현실이 사실이기는 하지만, 핵심적인 이유는 반세기가 넘는 세월 동안 자연에 관한 글을 쓰고 읽으면서 그런 용어들이 필요 없다는 확고한 신념이 생겼기 때문이다.

나는 '환경 문학'과 '자연 문학'이 그저 과잉에 불과하다고 생각한다. 사실 그것들은 그냥 '문학'과 정확히 똑같은 말이다. 인간이 쓰는 모든 글은 환경이나 자연의 일부분에 관한 것이 아닐 수가 없다.

어떤 사람들은 자신의 우주 안에서 영적인 차원이나 측면을 인식한다. 이는 우리가 아는 그대로의 '자연' 밖에 놓여있는 부분이다. 보통 그 영역에 속하는 사건이나 실체를 초자연적이라고 말한다. 하지만 나는 자연이 그 어떤 측면에서든 초자연적인 것을 필요로 한다고 느낀 적도 없고 내 우주에서는 초자연을 수용하지도 않는다. 나에게 '자연nature'이라는 명사의 동의어는 '존재하다to be'라는 동사다. 존재한다는 것은 자연의 일부가 되는 것이다. 그렇다면 '자연 문학'은 당연히 중복적인 표현이 아닐까?

그런데 어떤 이들은 이런 전제를 쉽게 받아들이지 못한다. 그들은 행동과 규범의 분명하고도 끔찍한 일탈은 절대 '자연스러운' 것으로 간주할 수 없으므로 '자연스럽지 못한 행동'을 설명하기 위해 '자연스럽지 못한' 것이 존재하기를 원한다. '존재하다=자연'이라면 세상 모든 것은 다 '자연스러워야' 한다. 받아들이기가 쉽지 않은 부분일 것이다. 나도 오랫동안 그랬다.

예전에는 이 전제에 도달하지 못했다. 내 초창기 글을 보면 자신의 편견을 떠받치는 희망적인 이원론이 강하게 나타난다. 하지만 우주의 모든 것은 별의 부산물이 진화한 것인데 어떻게 모든 것이 다 자연스럽지 않겠는가?

우리가 '자연스럽지 않다'고 여기는 모든 것 혹은 거의 모든 것은 인간으로부터 유래하거나 발생하고 인간이 스스로 만드는 것들이다. 물론 연쇄 살인이나 성적인 착취, 대량학살, 산꼭대기 깎아버리기, 기름 유출 같은 것과 연관되고 싶은 사람은 없을 것이다. 하지만 이 모든 범죄를 '자연스럽지 못한' 행동으로 지정한다면 같은 종족을 부정하거나 규범만이 자연스러운 것이라고 선언하는 셈이다. 과연 구분선을 어디에 넣어야 할까? 이야말로 쉰내 날 정도로 오래되었지만 별다른 진전은 보이지 않는 '자연적 vs 인위적' 논쟁이다. 그럴 때마다 나는 질문을 던진다. 오리건주 애스토리아의 컬럼비아강에는 오래된 어업용 보일러가 있는데, 녹슨 금속과 침식된 콘크리트에서 배출되는 광물이 그것을 먹고 사는 육지 및 수생생물과 연결된다. 이끼, 해조류, 풀, 사초, 따개비, 철, 녹, 콘크리트, 자갈, 탄산칼슘, 보일러 꼭대기에 피는 쑥부쟁이꽃……. 끊임없이 변하는 이 광경에서 자연이 인공으로 변하는 부분을 정확히 집어낼 수 있겠는가?

반대로 토머스 하디는 《귀향》에서 인간(물감 장수) 한 명을 등장시키기 전에 무려 여섯 페이지에 걸쳐 에그돈 히스 황야의 풍경을 묘사한다. 하지만 나는 하디가 '자연주의 작가'라고 불리는 것을 들어본 적이 없다.

합리적인 사람들은 여전히 이원적인 우주를 원한다. '인간 vs 나머지'로 구분한다. 이유를 알 것 같다. 자연과 자연적이라는 단어를 '좋은, 존경할 만한, 허용할 수 있는, 괜찮은, 바람직한' 같은 단어로 혼동하는 사람이 많다. 마찬가지로 부자연스러운 것은 나쁜 것과 동일시한다. 광고주들과 상업 세계에서 이 개념을 어떻게 활용하는지 보라. "자연 제품을 사세요!" 우리는 그 말에 이끌려 덥석 구매한다.

하지만 이 등식은 잘못되었다. 모든 가치 자체가 혼란을 막고 사회 질서를 촉진하고자 만들어지는 인간의 생각 혹은 자만이기 때문이다. 우리가 아는 한 인간의 테두리를 벗어난 세상에는 '선'과 '악'이 존재하지 않는다. 우리는 속박받지 않는 자연의 아름다움을 사랑하기 때문에 자연과 자연적인 것을 선으로 간주하고 싶어 한다. 하지만 자연은 좋지도 나쁘지도 않다. 인간이 세상에 도덕을 강요하기 전까지 자연은 도덕 관념이 없었다. 우리는 상상의 도덕적 틀에서 우리 자신의 이익을 위해 윤리적 선택과 법을 만든다. 공동체와 문화, 종으로서 우리에게 좋은 것과 나쁜 것이 무엇인지를 결정하고 정치적 또는 종교적인 결정을 실행하여 일정한 행동의 틀을 만들려고 한다. 옳거나 그른 것의 판단 기준을 세워놓고선, 그 규칙을 벗어나는 선택에는 '자연스럽지 못하다'라는 이름표를 붙인다.

내가 말한 '자연적'이라는 의미는 그것을 용납하지 않는다. 자연적이라는 말은 반사회적, 소시오패스나 사이코패스 행동에 면죄부를 주지 않는다. 자연적이라는 말은 한마디로 자연에서 발생하는 일이라는 뜻이다. '올바른' 선택은 '자연스러운 것'이고 '잘못된' 선택은 '자연스럽지 못한 것'으로 분류하면, 다른 종들과 더불어 사는 세상에, 결국 우리 자신에게도 심각한 해를 끼친다. 이 잘못 알고 있는 정체성은 뜻밖의 힘이 있어서 실질적인 결과를 초래한다. 자연과 인간의 이원주의는 우리를 갈라놓기에 위험성을 지니는 것이다.

내가 좋아하는 책을 하나 들어 좀 더 자세히 이야기해보려 한다. 제이 매키너니의 《빛과 도시Bright Lights, Big City》란 소설이 있다. 블루스 가수 제이 리드의 노래 제목을 따온 이 얇은 책은 1984년에 빈티지 출판사에서 출간되어 큰 인기를 얻었다. 작가는 이 소설을 20대 후반에 썼고, 영화로 각색되었을 때는 각본도 직접 썼다. 소설은 작가로 성공하고 싶어 하지만 코카인에 빠져 클럽 파티를 즐기는 뉴욕 남자의 어긋난 사랑과 자극적인 여흥을 다룬다. 그리고 결국에는 모든 것을 무사히 털어내는 모습을 2인칭으로 다뤄서 큰 반향을 일으켰다. 제이 매키너니의 스승 레이먼드 카버는 이 소설을 "제멋대로 날뛰지만 인간의 심장이라는 표적에 명중하는 치명적으로 재미있는 소설"이라고 표현했다. 매키너니는 80년대 '문학계의 악동' 중 하나로 불렸고, 나중에는 문학계의 주요 인사에서 와인 비평가로 변신했다.

나는 그 소설을 재미있게 읽었고, 맨해튼의 젊은이들을 위한 새로운 등불로 자리매김하는 모습을 흥미롭게 지켜보았다. 누구나 짐작할 수 있을 테지만 《빛과 도시》는 새로운 도시주의 문학이고 '자연 문학'의 생생한 반대라는 평가를 받았다. 나에게는 그런 고정불변의 구분이 무척 불편했다. 맨해튼을 배경으로 하는 책이라고 꼭 자연 세계와 정반대여야 할 이유는 없기 때문이다. 그렇게 따지면 거리를(공원, 늪지, 강 등) 배경으로 하는 훌륭한 자연주의 작품도 많지 않은가.

우선 나는 《빛과 도시》가 코카콜라와 대마초에 의존하는 줄

거리를 담고 있지만, 튤립과 감자, 사과, 마리화나가 사회에 끼치는 영향을 이야기하는 마이클 폴란의《욕망하는 식물》만큼이나 자연 문학이라고 생각한다. 매키너니는 섬 주변의 바람과 물에 대해, 비록 쥐와 비둘기뿐일지라도 도시의 동물에 대해, 그리고 직립 원인이 다른 오래된 지형을 발굴하고 개량하여 만든 지질 구조에 대해 이야기했다. 나는 그 사실에 큰 즐거움을 느꼈고 다른 사람들에게도 주장하기 시작했다. 처음에는 반발하던 사람들도 공감하는 모습을 보였기에 한 걸음 더 내디뎌 보았다.《빛과 도시》를 완전히 해체해보기로. 그 소설에 등장하는 자연사와 관련된 부분을 전부 찾아보기로 한 것이다. 내가《빛과 도시》에서 찾은 '자연 세계'가 언급된 부분은 다음과 같다.

태양과 대기 관련: 불, 비, 비스듬하고 혹독한 아침 햇살, 공기, 새벽의 불친절한 빛, 안개, 환한 빛, 얼음, 물, 구름, 햇빛, 눈, 바람, 봄, 가을, 강수, 기후, 달, 파랗고 화창한 날, 높은 건물의 차가운 그림자와 직사광선이 짧게 닿는 곳 사이의 변온층, 아침.

지질 및 지리 관련: 배사, 안데스산맥, 지형, 대륙횡단, 석유, 섬, 은, 먼지, 보도의 반짝임(운모), 크리스털, 화산, 바다, 광활하게 뻗은 허드슨강과 그 검고 악취가 진동하는 물, 강, 웅덩이, 호수, 부싯돌, 지진, 토네이도, 다이아몬드, 금, 돌, 에메랄드, 평원, 지면, 자갈, 바위, 동굴, 대리석, 납, 붕소, 붉은 흙먼지, 화학물질, 중성미자, 리튬, 조약돌, 아스팔트.

식물 관련: 뿌리, 식물, 튤립, 바나나, 코카나무, 코코아, 호밀, 목재, 단풍나무, 씨앗, 수세미, 생강, 칡, 참나무, 올리브, 담쟁이덩굴, 차, 커피, 짚, 용설란, 보드카(감자), 벚꽃, 맥주(홉, 효모, 보리), 스카치위스키(맥아 보리), 리퍼(대마), 와인(포도), 인동덩굴, 야자나무, 밀, 흑수병, 잎사귀, 나무, 잡초, 콩, 과일, 복숭아, 채소, 꽃, 토마토, 호박, 오렌지, 바질, 마늘, 로메인 상추, 만니톨(해초).

동물 관련: 동물, 새, 오리, 비둘기, 제비, 피비, 독수리, 핀치, 딱따구리, 매, 황제펭귄, 도마뱀, 벌레 소리에 귀 기울이는 지빠귀, 귀뚜라미, 바퀴벌레, 혈관을 타고 헤엄치는 피라냐, 거북이, 학, 썩은 고기를 먹는 새, 낙타, 양과 염소의 교배종, 돼지, 말, 당나귀, 뿔이 엄청 큰 수사슴, 사슴, 사자, 모피, 곰, 여우, 페럿, 밍크, 타란툴라, 가리비, 상어, 용, 앵무새, 토끼, 뻐꾸기, 작은 털북숭이 생물과 큰 비늘 생물, 파랑새 떼, 저먼 셰퍼드, 비글, 닥스훈트, 송어, 코요테, 개, 늑대, 비명 지르는 갈매기, 고양이, 양, 바다코끼리, 소 떼, 망아지, 생쥐, 원숭이, 인간, 페커리, 돼지, 달걀, 닭, 가금류, 말라리아(모기, 미생물), 근족충류, 포자충, 고퍼, 설치류, 섬모충, 바닷가재, 쥐, 편모충류, 알락하루살이, 실크(누에), 강도래, 파리, 개미, 제물낚시, 물고기, 해양 동물의 지방, 대구, 갈색 송어, 광견병, 박쥐.

우주 관련: 혜성의 길, 자연, 외계 생명체, 환경, 세계.

지극히 인간적이고 도시적인 관점을 보여준다고 평가받는 책에 나오는 자연물의 목록이다. 이 정도면 모든 문학은 자연문학이고 글쓰기는 그냥 글쓰기라는 사실을 인정해야 하지 않을까?

자연주의 작가로 불리지 않는 다른 작가들의 작품에서도 비슷하거나 훨씬 더 놀라운 결과가 나타난다. 특히 스타인벡이나 파울스, 킹솔버처럼 생물학 교육을 받거나 그런 쪽의 성향을 보이는 작가들의 작품이라면 이것보다 훨씬 더 많이 나온다. 하지만 업다이크, 콘래드, 웰티처럼 자연 애호가와 거리가 멀어 보이는 작가들의 작품도 마찬가지다. 케루악의 작품조차 순진하지만 아름답게 관찰된 자연에 대한 묘사로 가득 차있다. 시인들도 있다. 워즈워스, 휘트먼, 프로스트, 스나이더, 올리버, 패티앤 로저스는 물론이고, 히니, 토머스, 랭스턴 휴즈, 밴 모리슨, 브루스 스프링스틴도 그렇다. 셰익스피어와 조지 엘리엇, T. S 엘리엇, 나보코프야 당연하고! 강압적인 수단을 쓰지 않고는 이들을 자연환경에서 떼어낼 수 없다. 《한여름 밤의 꿈》도 식물학적인 설명으로 가득하지만 《헨리 5세》도 마찬가지다. 3막 5장 18~20줄에서 프랑스 총사령관이 말한다. "그쪽 기후는 안개 끼고 춥고 어둡지 않은가? 태양이 창백하고 찡그린 얼굴로 과일을 죽이지 않는가?" 이것만 봐도 셰익스피어가 주변 세상을 너무 잘 안다는 것을 알 수 있다. 내가 앞에서 증거를 제시했듯이 매키너니도 마찬가지였다.

그러니 이 작은 논쟁이 문학적 에큐메니즘과 포용성을 상징한다고 생각해주길 바란다. 앞에서 말했듯이 이원론은 본질적으로 위험하다. 자연과 자연이 아닌 것으로 분리할 때, 인간과 자연 사이에 실질적인 경계가 존재한다고 생각할 때, 인간은 거리낌 없이 자연을 '타자'로 부르고 객관화하며 정복하거나 정복하려 하고 그 과정에서 많은 해악을 끼친다. 인간과 자연의 분리는 세상에서 가장 위험한 생각이다. 우리를 지탱하고 고상하게 만들고 확장해주는 시스템에 온갖 극악무도한 범죄를 저질러도 된다는 허가증을 내어주기 때문이다.

하지만 의미론의 개혁을 일으키고자 하는 것은 아니다. 자연 문학이나 환경 문학 같은 학계의 이름을 바꾸려는 것이 아니다. 나는 자연주의 작가라고 불리는 것이 꽤 행복하다. 그렇게 불림으로써 사람들이 나를 자연주의자로 존중하고 있다는 것을 알 수 있기 때문이다. 그리고 이 단어들은 줄임말 역할도 해준다. 내가 학생들에게 말하듯이, 자연 문학이나 환경 문학이라고 불리는 작품은 보통 작품보다 인간이 아닌 다른 종에 더 많은 관심을 기울이는 작품을 의미하니까 말이다.

설득력 강한 문학 작품 중에서 자연 세계가 빠진 작품은 거의 없다. 나는 모든 문학은 자연 문학이며 그 반대도 마찬가지라고 계속 주장할 것이다. 인류의 미래는 인간과 다른 종 사이에 명확한 구분이 없다는 사실을 아는 것에 달려있을지도 모른다. 일단은《빛과 도시》가 훌륭한 환경 문학으로 인정받는 것으로 만족스러울 것 같다. 그 소설은 현대의 협곡에서 직립 보행하는 유인원이 다른 식물의 영향을 받는 모습을 보여준다는 측면에서 멋진 동물행동학이다. 다른 종들과 지형, 환경적 요인이라는 매우 넓은 맥락에서 보아도 그렇다. 분명《빛과 도시》는 자연환경 소설이다. 제이 매키너니는 왠지 그 말을 듣고도 놀라거나 기분 나빠하지 않을 것이다.

개미의 긴 행렬이 잔디밭 깊숙이 파인 길로 이동한다. 녀석들이 나무껍질과 잔디, 보도, 막대기를 가로질러 행군하며 나뭇잎을 옮기는 모습은 온종일 보라고 해도 볼 수 있을 것 같다. 호수 뒤쪽에서는 따오기가 자기보다 더 날렵하고 날씬한 가마우지처럼 미끄러지듯 지나간다. 지금 내가 있는 이곳은 분주한 도시공원이다. 펠리컨들이 해가 저무는 남쪽에서 흐릿한 동쪽으로 서서히 이동하고, 트레이닝복을 입고 조깅하는 사람들이 지나간다. 그리고 난 저 두 가지 풍경 사이에 아무런 이질감도 느끼지 못한다.

어린 시절, 나는 이상과 희망을 토대로 하는 나만의 '~주의'를 만들고 싶었다. 나는 자연을 사랑했고 모든 것을 포용하는 범신론이 마음에 들었으며 여러 교파의 다양한 가르침에 공감했다. 가령, 예수가 평화주의와 가난을 포용한 것이 흥미로웠다. 비록 현실에서는 예수의 본보기를 따르는 사람들을 별로 보지 못했지만. 이후 나는 나만의 교리를 찾게 되었고, 거기에 '자연-범신론 혼합주의'라는 이름을 붙였다. 신자를 모으려는 것도 내 '종교'를 광고하기 위함도 아니었다. 그저 이제 나를 고민케 했던 신앙의 문제가 처리되었다고 느꼈고, 홀가분한 마음으로 나비와 여학생들에 빠져 지낼 수 있었다.

오랜 세월이 지나 동생 하워드를 만나러 갔을 때였다. 나만의 신앙을 만들 무렵 아직 어린아이였던 하워드가 물었다. "형, 아직도 자연-범신론 혼합주의자야?" 적어도 그 이름을 기억해주는 추종자가 한 명은 있었다. 나는 그렇다고 대답해주었다.

사실 대단히 신경 쓴 문제는 아니라 세부적인 것들까지는 생각해보지 않았었다. 그때는 이름을 붙이는 것만으로 충분할 것 같았다. 그러다 대학에 들어가 자연 보전을 공부하면서부터 유창한 표현을 접하기 시작했다. 존 뮤어는 "우리는 어떤 것을 분간하려고 할 때 그것이 우주의 다른 모든 것과 엉켜있음을 발견하게 된다"라고 했고, 알도 레오폴드는 "모든 톱니와 바퀴를 유지하는 것이야말로 지성 땜질의 첫 번째 예방책이다"라는 좀 더 새로운 관점을 제시했다. 게리 스나이더의 불교 번역본과 시에도 똑같은 원칙이 다양한 유형으로 계속 튀어나왔다. 더 나아가 존 스타인벡과 에드 리켓의 《코르테즈 항해 일지》에는 "모든 것은 하나이고 하나는 모든 것이다"와 "생태학에는 '모든 것'의 동의어가 있다"라는 말이 나온다. 하지만 가장 단순하고도 모호하지 않게 요약한 말은 커트 코베인이 이끈 록밴드 너바나가 1993년에 발표한 앨범에 수록된 〈All Apologies〉라는 노래 가사에 들어있다. "모든 것에 우리의 모든 것이 들어있다." 더 무슨 말이 필요하랴.

하지만 자연/비자연의 구분이 존재하지 않고 존재할 수 없다는 깨달음이 커지면서 그런 표현이 장황하게 느껴지기 시작했다. '범신론'에는 여전히 동조했지만 자칭 범신론자와 신비주의에 정이 떨어질 대로 떨어진 상태였다. 다행히 아직까지 '혼합주의'는 내가 공부한 모든 종교의 특정한 가르침-기독교의 사랑, 불교의 도, 신도의 자연주의, 자이나교의 평화주의, 모르몬교의 공동체주의 등-에 공감하는 한 계속 합당하게 느껴졌다. 레드 스퀘어의 야생화 가득한 세인트 바질 교회, 파란 타일에 그려진 빨간 튤립이 있는 블루 모스크, 바르셀로나의 사그라다 파밀리아 성당, 스테인드글라스 창문에 길버트 화이트가 언급한 모든 새가 그려진 햄프셔 셀본의 세인트 메리 교회처럼 자연에 기반을 둔 교회 건축도 좋았다.

하지만 그것들은 나를 종교인으로 만들기에는 부족했다. 결국 나는 완전한 무신론에 대해 자문했다. 철학적으로 보자면 나는 믿는 신도 없고 그 사실이 불편하지도 않으니 (적어도 기본적으로) 무신론자라고 할 수 있을 것이다. 하지만 최근 한 워크숍에서 내가 존경하는 작가가 청중에게 나를 "내가 가장 좋아하는 무신론자"라고 소개했을 때 좀 움찔했다. 부정적인 정보에 의존하는 정의, 고유한 모순적 의미에 의존하는 무신론자라는 용어가 마음에 들지 않았던 것이다.

그래서 나는 이렇게 답했다. "사실 저는 무신론자라는 말을 별로 좋아하지 않습니다. 그보다는 '전(全)신앙론자Alltheist'라고 말하는 쪽을 선호합니다." 이렇게 50년 만에 처음으로 '자연-

범신론 혼합주의자'를 '전신앙론자'로 수정했고 꽤 마음에 들었다. 훨씬 짧고 깔끔하고 기억하기도 쉽다. 굳이 없어도 되는 '자연적'이라는 말이 빠졌다. 내 사전에서 세상 모든 것은 자연적이기 때문이다. 거추장스러운 현대의 범신론도 쳐내버렸다. 물론 전혀 독창적인 사상은 아니다.

모든 것을 포괄하는 관점에는 모든 것을 수용하거나 용납하는 것처럼 보인다는 명백한 위험이 따른다. 모든 것이 신성하거나 숭고하다면 과연 무슨 근거로 행동을 구분하는가? 윤리를 규정하고 도덕을 정의하려는 시도는 인간의 심장을 제물로 바친 아스텍부터 중동 결혼식 피로연에 들이닥친 드론 미사일, 그 중간에 일어난 온갖 대학살에 이르는 인간의 모든 극악무도한 범죄 행위를 제거하는 데 실패했으며 종종 정당화하기까지 했다. 그 어떤 도덕 시스템도 그런 잔학 행위를 없애버리지 못할 것이다.

그러나 모든 것이 모든 것이라는 완전한 깨달음은 전쟁과 탄압의 4인의 기사 과두제와 계층제, 우월주의, 예외주의의 발을 묶을 것이다. 나와 타인이 하나이고 동일한 존재라는 사실을 받아들이면 타인을 쉽게 객관화하거나 때리거나 총으로 쏘거나 폭탄으로 공격할 수 없다. 그리고 인간이 아닌 동식물도 모든 것의 일부분이다. 만약 우리가 이렇게 절대적인 하나됨을 믿는다면 과연 자연을 지금처럼 취급할 수 있을까? 아마도 우리는 윌리엄 글래슬리 2018년에 발표한 그린란드 연대기 《더 깊은 야생에서의 시간》에서 말한 감정을 느낄 것이다. "이곳에서는 모든 것이 평등하다는 생각이 들었다. 계층 구조의 부재 속에서 모든 것이 아름다웠고 또 아름답지 않았다."

전혀 새로운 것이라고 할 수 없는 나의 전신앙론은 아마도 현존하는 가장 오래된 사상 중 하나일 것이다. 그러나 이것을 실제로 적용하는 것은 새로운 일이다. 나는 전신앙론이 실행된다면 어떤 모습일지 이 책 전체에서 설명하고 싶었다.

인간은 많은 영리한 방법으로 그런 시도를 해왔고 놀라운 성공을 거두었다. 분명히 이제 우리는 더 현명해졌을 것이다. 하지만 우리가 일찍이 〈풀잎〉에서 "저 훌륭한 원형, 모든 것의 결합을 보라. 얼마나 완벽한가!"라고 말한 휘트먼 같은 스승들을 완전히 무시한 것은 아닐까? 이 말이 "모든 것에 우리의 모든 것이 들어있다"와 과연 다를까? 월트 휘트먼과 커트 코베인은 서로 표현은 다를지라도 똑같은 진실을 말하고 있었다. 이제는 그 진실을 무시하면 안 된다. 더는 안 된다. 모든 것에 우리의 모든 것이 들어있고 모든 것이 모든 것이다. 변화의 조류가 빠르게 다가오고 있다. 이제 모두가 그 흐름을 알아차리고 발을 담가야 한다.

감사의 말

먼저 이런 책을 만들어 달라고 부탁해준 잭 슈메이커, 내가 이 책을 펴낼 수 있도록 영웅처럼 도와준 뛰어난 편집자 해리 커치너 그리고 사라 브로디, 조던 콜루치, 제니퍼 앨튼, 메간 피쉬만, 앨리샤 고더, 캐서린 보랜드, 미야코 싱어 등 카운터포인트 출판사의 모든 동료에게 감사를 전합니다. 또한 오랫동안 믿음으로 함께해온 에이전트 로라 블레이크 피터슨과 커티스 브라운사의 모두에게 애정 어린 감사를 전합니다.

이 에세이에 언급된 모든 사람, 기존 에세이들이 책과 저널에 처음 실렸을 때 고생해준 모든 편집자와 관계자들, 새로운 에세이를 위해 고생해준 이들에게도 따뜻한 감사의 마음을 전하고 싶습니다. 일일이 다 말하기에도, 기억하기에도 너무 많은 분들이 있습니다. 그중에는 세상을 떠나신 분들도 많지만 최근에 도움을 주신 대표적인 분들께 감사를 전합니다. 빅터 B. 셰퍼, 알던 벨, 수잔 카퍼, 캐롤 제인 뱅스, 크누트 "스킵" 버거, 스티븐 R. 켈러트, 피터 H. 칸 주니어, 제니퍼 시노어, 스티브 포레스터, 마이클 베일스, 캐런 커틀리, 커트 존슨, 스티븐 H. 블랙웰, 개빈 밴 혼, 존 하우스도어퍼, 마이크 후크, 필 콘돈, 제시카

엘러, 로버트 김린, 켄 카우프먼. 내가 누군지도 모를 작가 제이 매키너니에게도 감사합니다.

원본 자료를 찾아 복사하도록 도와준 워싱턴대학교 도서관 특별 컬렉션의 샌드라 크루파와 제임스 B. 스택에게도 감사드립니다.

마지막으로, 이 책이 탄생하기까지 줄곧 응원해준 나의 가족과 소중한 친구들, 특히 닐 조핸슨, 데이비드 브랜치, 존 펠햄, 파예트 크라우제, 조앤 헤론, 홀리 휴즈, 크리스 노보셀릭 그리고 누구보다 플로렌스 세이지에게 감사드립니다.

에세이 출처

이 책에 수록된 에세이들이 기존에 공개되었던 출처를 소개한다. 제목이나 형식이 지금과 달랐던 경우도 있지만 내용이 완전히 달라진 것은 소수에 불과하다.

- 교외의 흐트러진 풀숲을 걷는 즐거움

  East Side Week (Bellevue, WA), 1991

- 동네의 특별한 장소와 동식물, 아이들

  Children and Nature, MIT Press, 2000

- 세쿼이아 나무와 말하는 잎사귀

  Facing the Lion, Beacon Press, 1995

- 너무 달라진 비틀 록에서의 하루

  American West, 1972 ("Can We Save Our Wild Places? National Parks in Jeopardy"라는 제목으로 발표)

- 미네랄 킹의 미학

  미발표 학사 논문, 워싱턴대학교, 1969; UW 도서관의 도움으로 공개

- 네이처 매트릭스

  Oryx, the International Journal of Conservation, 2003

- 또 다른 자연, 대학 캠퍼스에 대한 생각

  Placing the Academy: Essays on Landscape, Work, and Identity, Utah State University Press, 2007

- 그것은 처음부터 끝까지 비버의 이야기였다

  Eminent Astorians, Oregon State University Press, 2010 ("John Jacob Astor: A Most Excellent Man?"라는 제목으로 발표)

- 야생의 멸종

  Wildness: Relations of People and Place, University of Chicago

Press, 2017 ("Conundrum and Continuum: One Man's Wilderness, from a Ditch to the Dark Divide"라는 제목으로 발표)

- 칼새와 나비 날개, 돌산과 습지

  Fine Lines: Vladimir Nabokov's Scientific Art, Yale University Press, 2016

- 사스콰치의 기호학

  Camas Magazine (University of Montana), 2017

네이처 매트릭스

Nature Matrix

1판 1쇄 인쇄 2021년 5월 4일
1판 1쇄 발행 2021년 5월 14일

지은이 로버트 마이클 파일
옮긴이 정지현

발행인 황민호
본부장 박정훈
책임편집 김순란
마케팅 조안나 이유진 이나경
국제판권 이주은 한진아
제작 심상운

발행처 대원씨아이㈜
주소 서울특별시 용산구 한강대로15길 9-12
전화 (02)2071-2017
팩스 (02)749-2105
등록 제3-563호
등록일자 1992년 5월 11일

ISBN 979-11-362-7365-9 03400